势科学与信息人理论丛书

信息人教育学

势科学与教育动力学

李德昌　著

科学出版社

北京

图书在版编目（CIP）数据

信息人教育学：势科学与教育动力学／李德昌著 . —北京：科学出版社，
2011. 6

（势科学与信息人理论丛书）

ISBN 978-7-03-031128-3

Ⅰ. ①信…　Ⅱ. ①李…　Ⅲ. ①信息教育－研究　Ⅳ. ①G201

中国版本图书馆 CIP 数据核字（2011）第 091654 号

责任编辑：郭勇斌　黄承佳／责任校对：张凤琴
责任印制：赵德静／封面设计：无极书装

编辑部电话：010-64035853

E-mail：houjunlin@ mail. sciencep. com

科 学 出 版 社 出版
北京东黄城根北街 16 号
邮政编码：100717
http://www.sciencep.com

铭浩彩色印装有限公司 印刷
科学出版社发行　各地新华书店经销

＊

2011 年 6 月第　一　版　开本：B5（720×1000）
2011 年 6 月第一次印刷　印张：13 1/2
印数：1—3 000　　字数：226 000

定价：38.00 元
（如有印装质量问题，我社负责调换）

丛 书 序

　　自然科学之所以发展得得心应手，在于自然科学研究了四种物质力：强力、弱力、电磁力和引力，弄清了物质作用的内在机制；社会科学之所以遇到如此多的困惑和挑战，在于社会科学只停留在描述和想象层面，没有系统地研究"信息作用"的内在机制，从而无法揭示人才成长、组织发展和社会演化的根本规律。势科学与信息人理论是在"信息人"和"势"概念基础上，揭示信息功能的本质，阐述信息的社会学、教育学、管理学、经济学、法学等社会科学意义，以及信息的宗教崇拜和艺术审美的信息势内涵，研究信息作用的内在机制，为社会科学研究开辟基于逻辑演绎的科学化研究路径。

　　宇宙和社会的演化以及组织和人才的成长镶嵌着"熵"与"势"两种机制，按照熵的机制，世界将越来越无序从而走向死寂，按照势的机制，世界将越来越有序，因而推动创新与发展。有关熵的机制通过热力学第二定律已经被充分研究并且达到了逻辑化、科学化的程度，而有关势的机制则受传统文化整体感悟的约束而无法进行逻辑的分析。势科学概念及其理论框架的建立提供了对势及其运行机制进行逻辑而科学的系统性研究的基础。正像自然科学的发展从理论上证明了"真空势推动宇宙暴涨，量子势是量子化的唯一缘由，化学势、生物势是化学反应和生物成长的内在动力"一样，势科学理论研究将从逻辑基础上揭示"信息势是人才成长和组织发展及社会变革的根本动力"。

　　"信息人"假设是势科学理论研究的逻辑起点。社会科学是研究"人"的科学，因而，任何社会科学理论的研究，总是以人的理论假设为基础的，"经济人"假设为经典经济学和经典管理学研究奠定了逻辑基础，但是，随着信息化的推动、生产效率的增长和人类需求层次的提升，建立在"经济人"假设基础上的相关社会科学研究受到了时代的挑战，种种经济问题、管理问题、教育问题及社会问题的困惑，使得我们不得不从根本上研究人类本性的嬗变机制，从"物质人"、"生物人"、"社会人"到"信息人"的概念体系，为《势科学与信息人理论丛书》铺垫了研究的逻辑基础。

社会科学的科学化研究基础在于"人是理性"的。如果"人真的非理性了",那对于人的科学研究将不复存在。但在信息人社会,人的确是"经济非理性"了,即人不再单纯追求"经济利益最大化"。而人类之所以放弃追求"经济利益最大化",是为了追求"综合信息最大化",因为经济(货币)只是信息的一个向度。追求综合信息最大,即追求整体信息势最大、信息位最高、竞争力最好。所以,"理性经济人"嬗变到了"理性信息人","信息人"假设即"理性信息人"假设。

《势科学与信息人理论丛书》研究的科学性在于概念定义的高度抽象性、逻辑演绎的内在统一性和方法工具的科学有效性:除了"理性信息人"的抽象性,还有"势"概念的抽象性:势 = 梯度 = 差别 ÷ 距离 = 差别 × 联系;逻辑演绎的内在统一性在于势的运行机制的单纯性和不变性:"差别促进联系、联系扩大差别",由此,差别越来越大,联系越来越紧,差别最大即相反、联系最紧即相同,既相反又相同,即相反相成,即对称,在揭示出对称性形成的逻辑基础上,可以顺利地将能够同时研究"量性"、"向性"和"对称性"的、具有高度概括性和抽象性的张量和群论方法工具引入研究之中,从而可以真正有效地应对研究问题的复杂性——抽象性是应对复杂性的根本战略。

势科学理论在"信息"和"导数"(信息即负熵、即有序、即梯度、即斜率、即导数,"即"表达剔除现象差别,推进到本质联系的极限过程)的逻辑基础上对于社会科学研究的作用,也许就像当年牛顿定律对于自然科学研究的作用一样,铺垫了一个基本的逻辑基础。但正像牛顿定律必须具体化(逻辑地演绎)为固体力学、流体力学、热力学、电磁学(欧姆定律本质上就是牛顿定律)等学科理论才能制造出机器一样,势科学理论也一定要具体化(逻辑地演绎)为社会科学的各种具体学科理论才能真正发挥作用,本丛书为此作出了一些努力。无论如何,有了势科学理论提供的以研究信息作用为核心的理论框架,作为信息科学的社会科学研究就有了真正的逻辑起点。正像在牛顿定律的基础上产生了欧拉、拉格朗日、欧姆、焦耳等一大批各领域的科学家,希望势科学理论在推动社会科学的科学化过程中,也为产生一大批各个领域的社会科学家作出贡献。

势科学理论的深远意义在于揭示了人类文明发展的符号逻辑,即从 $mah \rightarrow ma \rightarrow a$ 的逻辑演绎过程:人类第一次文明始于整体上认识了"能"(mah)并学会了利用自然能，产生了原始文明，使人类从自然的束缚中解放出来；人类第二次文明始于逻辑分析认识了"力"（ma）并学会了使用人工力（牛顿定律），产生了工业文明（物质文明），使人类从繁重的体力消耗中解放出来；今天，人类通过从整体直觉到逻辑分析认识"势"（a）并学会使用势（信息），则将实现第三次文明——社会文明（信息文明、精神文明）。从"mah"→"ma"→"a"的逻辑符号演进中，剥离了距离 h、剥离了阻尼 m，抽象出真正的核心价值"a"，即"势"、即"信息"，人类才能应对不确定性，从复杂的社会纠缠和思想困惑中彻底解放出来，实现真正的自由和文明。根据作用量原理与守恒机制，营造更多的势（a）（信息），就可以节省更多的资源（m），由此也揭示了低碳经济的内在逻辑和发展的必然趋势。

李德昌

2011 年 1 月 20 日

前　言

　　本书主要目标是在"理性信息人"假设和"势科学"理论基础上，探讨新人类的成长规律，揭示现代教育的内在逻辑，阐述素质、创新及和谐的科学概念和形成机制，为教育改革奠定理论基础，为教育质量评价提供可操作性原则，为教育学理论的逻辑重建开辟科学的研究途径。

　　信息人教育学，也可称"新人类教育学"，与传统教育学具有本质区别。传统教育教什么、学什么、学什么、记什么、记什么、用什么并用一辈子，是单纯的传承记忆，几乎用不到理论。

　　一方面，信息化催生人类生存环境及其本性嬗变，传统教育理论的逻辑缺失带来教育误导和风险日益凸显，一流高校将高材生培养成"卖肉的"、"穿糖葫芦的"已不是新鲜事。另一方面，在信息人环境中，好学生没有毕业就可能超过老师，IT行业中十几岁的小孩可以给专家上课，少年作家的成长如雨后春笋，新人类成长的现实不断颠覆着"十年树木，百年树人"的教育经典。心理学研究曾为传统教育理论的发展作出了重要贡献，但是面对信息人教育，以心理学为基础的传统教育学不能告诉我们素质、创新及创新素质是怎样来的。爱德华·O.威尔逊在著名的《论契合：知识的统一》中谈到心理分析带来的误导时指出："这些理论和主义都陷入了心理分析的泥潭，20世纪有许多学术都在这种泥潭中消失了。"

　　一般来说，越是抽象的理论就越能将更加复杂多样的问题统一起来，并使其简单化，因而，越是抽象的概念回到实践就越有用、越有力且越容易理解。音乐如此，数学也是如此，您可能听不懂俄语，但《莫斯科郊外的晚上》所表达的意境几乎人人都懂；对于数学来说，当抽象出不计大小的点、不计粗细的线和不计薄厚的面以及没有任何意义的纯粹"数"的概念以后，回到实践就能更加强有力地描述现实的事物。迄今为止，几乎没有学者不能理解数学的这种价值。哲学本来也是抽象的，然而哲学的境遇却是越抽象越远离实践。这里存在两种可能的原因：其一，哲学的功能一方面是能将复杂的事物说简单，另一方面能将简单的事物说复杂。然而在许多哲学家看来，你若将简单的事物说得越复杂，就越像哲学；如果将复杂的事物说简单了，那就不像哲学了，因此导致学者们不遗余力地追求庸俗的"形而上"，不愿意回到现实世界。其二，哲学的抽象程度有待于进一步提高。哲学的两个基本概念是"差别"和"联系"，然而当哲学家们谈论差别时总是离不开具体事物的差别，谈及联系时总是离不开具体事物的联系。而且往往是顾此失彼，顾及联系的成了本体论，顾及差别的发展成各种学派，以至于有的哲学家说"有多少个哲学家就有多少种哲学"。势科学理论立足于哲学的高度，弘扬科学的精神，采纳数学的逻辑，舍弃任何具体对象内容，对"差别"和"联系"进行彻底而纯粹的逻辑抽象，而且像实证科学操作导数（导数即：差别÷距离＝差别×联系）一样研究"差别"与"联系"的作用（运算）机制，将"势"定义为与任何具体内容无关的纯粹的"差别×联系"，从而能够有力地回到实践中产生真正的应用价值；在最基本层面上将自然科学与社会科学统一起来，将实证科学的研究方法和工具应用到教育学研究中，为教育学理论开辟科学的逻辑研究途径。

"势"是传统文化中整体性直觉的概念。例如，蓄势待发、势不可挡、势如破竹等。随着科学的发展，出现了电势、位势、化学势、生物势、量子势、规范势、真空势等概念。势的科学定义是：势＝差别÷距离＝差别×联系，因而势即梯度、即斜率、即导数、即比例（"即"表达剔除现象差别推进到本质联系的极限过程）。所以，老子说"势成之"，毕达哥拉斯说"万物皆比例"。研究势的产生和运行机制的科学叫做势科学。

按照信息论，信息是负熵，负熵即有序，有序即梯度，即势，所以信息量与信息势是等价的。人的成长是一个信息作用的动力学过程，因此信息人的教育过程就是一个生产有效信息量，即营造教育信息势的过程。课堂所讲内容差别越大，联系越紧密，用一个道理将所有的问题讲清楚，课堂信息量就越大，教育信息势就越大，学生就越激动，学习的动力就越强劲，学习效率就越高。就事论事、同义反复就相当于废话，没有信息量；乱七八糟、差别很大但毫无联系的话也是废话，没有信息量，学生就会打瞌睡。同样，好的教材总是将差别很大的生活实践、理论公式、没有结论的探索等问题紧密地联系起来，生产有效信息量，营造教育信息势。在西方，科学的原版著作基本上是这样写成的。在我们进行选择、翻译和改编时，实用主义文化对此进行了"阉割"（俗语将阉割叫做去势，去掉了雌雄，没有差别也没有联系，就去掉了势）。为了实用，生活层面的描述被认为是"琐碎"而被删除，没有结论的探索被认为是"误导"而被删掉，剩下的几乎是赤裸裸的定理加公式——教材变成了手册。而传统教育遗留的教育方式又常常是照本宣读，像念经一样，课堂就变成了教堂。可想而知，在寺庙里念经，那只能培养和尚，不可能开发智力。不仅是教材，普遍的教育文化也被实用主义所"阉割"（实际上连宗教也难以幸免，佛教历来是讲"来世"的，被传统文化引进后就成了"立地成佛"），如科普。好的科普读物总是用最少的理论把最广泛的事物紧密联系起来，营造一种强大的信息势，从而激励青少年产生强烈的情感势，成为他们一生学习和成长的动力。例如，《夸克与美洲豹》、《可怕的对称》、《时间简史》等，一个道理讲所有的事，差别大联系紧，营造了西方教育文化的强势。我们的科普被实用主义"阉割"后铸成了一种毫无竞争力的弱势文化。例如，《论语》和《十万个为什么》，将零散而毫不相干的问题放在一起，只能得到一些知识点，而不能建立信息势，也就不能激励情感势。

本书从理性信息人假设开始，追溯到人类情志的生成机制，从而在"感性"与"理性"的互动彰显中研究了人才成长即现代教育的内在规律，提出了"信息量最大作用量最小"的集约型教育即对称化教育的理论和方法。

势科学与信息人理论研究，得到许多专家、学者、朋友和学校、科研院所及各级有关领导的鼓励、支持和帮助，在此表示衷心的感谢！本课题研究得到了陕西省社科基金项目资助（立项号：08N012）、西安交通大学校长基金项目资助。

目　　录

由于信息化催生知识爆炸性地增长，每个人以有限的知识量面对社会无限增长的知识量，使信息人社会越来越成为一个无知的社会。所以，在信息人社会，经济学家炒股与老太太炒股的差别越来越小，成年人与儿童的差别越来越小。由此，信息人社会的教育面临着前所未有的时代挑战。

第一章　概　述

无论社会学、管理学还是经济学，其研究的逻辑起点总是建立在有关"人"的理论假定基础之上，教育学也不例外。教育学理论之所以落后于经济学，甚至落后于管理学和社会学（教育学理论的逻辑缺失已成为人们广泛关注的现实[1,2]），一个重要原因就在于教育学主要以心理学研究为基础，而忽视了有关人和社会的研究必须以人的理论假设为研究的逻辑起点，更不关注研究人类整体的本性嬗变。实际上，任何一个有关人的理论，即有关人、组织和社会成长与发展的理论，要能够得心应手地阐述时代的社会现实，从而促进人和组织的成长，其基本的逻辑前提就是有关人的本性的理论假设要符合该时代人类本性的嬗变现实。例如，即使西方经济学在"理性经济人"的假设基础上建立了经典经济学；西方管理学在"理性经济人"和"社会人"、"自我实现人"的假设基础上建立了管理学的经典理论，但信息化催生的人类本性的嬗变，使原有的人性假设不再符合信息化时代的人类本质，所以经济学、管理学以及社会学理论都面临着前所未有的时代困惑。

现代教育问题，显然已不仅是一个单纯传授知识的问题，而是一个有关人的成长、组织的发展和社会进步的整体性发展问题，因而是一个包括管理学、经济学及社会学等众多问题在内的复杂性交叉学科问题。之所以称为复杂，首先在于人的复杂。不可想象，没有意识的宇宙尘埃（天体）的运行都必须用能够同时描述"量性"（标量）、"向性"（矢量）及"对称性"的张量来表达（相对论）。一个活生生的人的行为怎么就能用一个简单一维的"理性经济人"来概括呢？

教育学要想真正在基本层面上填补理论的逻辑缺失，就必须和社会学、经济学和管理学一样，在根本上重新研究符合时代的人性理论假设。

第一节　人类本性的嬗变——从物质人到信息人

信息革命的推动、社会生产效率的不断提高和物质生活的富裕，促进了人类需求层次的提高，推动了人类本性的嬗变：人类从"物质人"、"生物人"、"社会人"变成了"信息人"。"人"无法再以"善"和"恶"来论处，而且也不能以单纯的"经济理性"来刻画。由于社会信息势的不断增长达到了非线性作用的临界值，信息化社会的非线性机制凸显：以"信息人"为中心的新经济成了行为经济学、人气经济学、经典经济学无法解释的新经济，管理学找不到统一理论，教育学理论逻辑缺失也导致越来越多的误导和风险，在社会层面上恶性事故频繁，恐怖活动蔓延，邪教迷信盛行，社会浮躁发展，政府腐败升级，非正常死亡增长，家庭婚姻嬗变……信息人社会在不断创新中成了真正的风险社会，使社会学、管理学及教育学面临着前所未有的挑战。

物质人：从人的物质结构本质看，人是物质人。构成人体的所有元素包含在物质世界的元素周期表中。作为物质人，"有信息"与"没信息"一样，活着与死了一样，物质元素没有变。

生物人：从人的有机体新陈代谢的本质看，人是生物人。作为生物人，"有信息"与"没信息"一样，但活着与死了不一样，因为有机体结构发生了改变。生物人依赖于物质营养，需要物质营养维持代谢，因而对于物质的需求、生产乃至争夺，构成了人类文明与野蛮对峙的历史。

社会人：从人作为社会元素之间的联系性质看，人是社会人。人口增加使生物人密度增加、联系加强，从众和趋同使自然人变成了社会人，产生了社会文化、民族精神和宗教信仰。

信息人：从信息化时代人类生存的依赖性质看，人是信息人。随着工业的信息化进程，物质生产迅猛发展，以至于在不少地方出现了物质产品的饱和甚至过剩现象，许多人的信息消费超过了食物消费，即人们用于学习、旅游和文化生活（旅游和文化生活的本质是一种信息代谢）、通信、网络的费用已经大大超过了用于吃饭的费用。人类即将摆脱物质依赖的同时却产生了信息依赖——人变成了

"信息人"。作为信息人，"有信息"与"没信息"不一样，信息（在信息人理论中概括为六维的，即：货币、权力、知识、情感、艺术和虚拟抽象）可以使信息人产生自信，是信息人的必备营养，信息枯竭之时，就是生命终结之日。信息作用的强化导致的"格式化"（一个规则来规范所有对象）加强，使得社会的局域化不断深化，从而产生了信息人的彻底个性化。

实际上，只有当人类蜕变到信息人的时候，才真正活成了"人"。因为无论是物质人、生物人还是社会人，本质上没有脱离其动物性。物质人与生物人的动物性显而易见，至于社会人的社会性并不是人类区别于动物的本质特征。在动物世界，我们到处可以看到动物的社会化生活，只有像老虎那样的少数动物才具有独处的特性。社会分工和使用工具，也并不能将动物与人类严格区分，因为简单的分工在动物世界中也存在，一些动物也有制作并使用工具的能力。例如，猴子就可以简单修剪一根树枝作为敲打果实的工具。区别动物与人的基本标准是生存的内在性。动物性人类生存的基本特征是外在的，只有信息人类的生存才是内在的。下一章将详细阐述信息人生存的六维信息依赖。

第二节 科学的分化与整合——从科学到势科学

教育是一个复杂系统，但凡多因素影响的复杂系统，要找到其理论和规律，必须向更基本的原理去靠。就像一个人面对一个简单对象时，可以"就事论事"，切近对手甚至"抱着"搏斗就可解决问题。如果面对两个对手就要往后退一些，面对三个对手就要更往后退，面对多因素的一群对手时，你必须退到一个可依靠的、宽大的背墙作为基础才能解决问题。所以，只有寻找到宇宙和万物成长的更基本的统一规律或定律，才有希望找到人类成长的规律——教育的规律或教育学的理论基础。这在本质上依赖于各种学科理论在基本逻辑层次上的统一。

现代科学的发展虽然产生了系统论、协同论、信息论等横断性和综合性科学，展现着科学在不断分化的同时也在不断地综合和统一，但分化的速度远远大于综合的速度，以致各种学科之间的相互沟通和相互认同受到极大挑战，由此引发了科学整体地位的下降和科学的信任危机。科学分化导致的学科领域不能相互认同甚至同行之间难以认同的现实使科学评价的原则丧失，从而为权力凌驾于科学之上并成为科学评价的裁判员创造了机会，由此导致越来越多的"知识寻租"

及科学腐败和教育腐败现象。所以，寻求宇宙与社会发展的更为基本的定律，实现科学理论的统一，疏通学科领域及同行之间的沟通机制，不仅关系到教育学理论的重建，而且关系到科学整体的前途和命运。

实际上，从牛顿到爱因斯坦以及现代复杂系统理论，科学寻求一种统一的宇宙定律的诉求从来没有停止过。当牛顿定律出现时，人们以为找到了这样的定律，因为牛顿定律将天上的运动和地上的运动统一起来了，然而爱因斯坦的相对论证明牛顿定律只是一个近似公式。人们总以为相对论是一个概括宇宙万物的定律，因为相对论将高速运动与低速运动统一了，将能量与物质统一了，将时间与空间统一了，然而量子力学却与相对论的决定论格格不入，以致爱因斯坦感叹道：上帝也会掷骰子？相对论的决定论和量子力学的几率性形成鲜明的对比。所以，科学家又总结出互补定律来概括宇宙规律，然而互补定律根本上只是一种哲学的概括而不能成为科学的定律。尽管寻求理论的统一如此艰难，然而爱因斯坦及科学界努力寻求的统一场论还是统一了强力、弱力和电磁力。今天，我们立志寻求社会科学与自然科学统一基础上的人才成长理论显然面临着更多的困难，但势科学理论为我们开辟了一个有效的研究路径。

正如信息人理论是在信息化冲击下，人类的个性化迅速发展的时代条件下，为了概括和揭示人的本质而提出的一样，势科学理论是在科学的迅速分化（个性化）的时代条件下，为了综合统一各学科领域的基本机制而建立的。正如协同学理论是在研究激光产生的协同机制中发现的一样，势科学理论是在研究萃取过程分离与搅拌的操作机制中发现的。萃取的目的是分离，然而萃取的过程却必须搅拌，即混合。搅拌的直接效果是均匀化、格式化，是一种去除隔阂的融会贯通，用社会科学的语言说就是一种自由化、民主化、全球化和制度化，从而才能推动"局域化"和"个性化"，直至达到"分离"。搅拌造就了混合溶液内部分子之间的内在联系，然而就在建立起这种联系的同时，溶液组分之间溶解的不饱和度被催生了，即产生这种"联系"的同时，形成了溶解的梯度"差别"。"联系"与"差别"的统一形成了萃取过程的"势函数"，"势函数"的运行推动萃取分离。

势的概念是传统文化与现代科学中常常遇到的，但可能最早提出势概念并阐述势功能的是老子："道生之、德蓄之、物形之、势成之"，《孙子兵法》有《势篇》，自然科学中有电势、位势、化学势、量子势等。然而什么是"势"，却没有一个统一的逻辑定义。综合传统文化与自然科学中各种有关势的本质意义，可以发现，势的概念中有两个最基本的概念要素，即"差别"和"联系"。电场中某点的电势是电场中某点与无限远点之间在场强"联系"中的"差别"，引力空间中的位势是两点在引力场空间"联系"中的"差别"。而在世俗社会中人们常说的"有钱有势"和"有权有势"也完整地表达着势概念中"差别"与"联系"嵌套的内在机制：你越有钱、有权，与别人的"差别"就越大，别人还越想找你，与你"联系"得越紧。当然，在社会生产活动中，我们总是可以体会到钱和权可以将"差别"更大的人紧密"联系"（组织）起来。所以，势的逻辑定义就是"差别×联系"，而差别×联系＝差别÷距离。势，即梯度、即斜率、即导数、即比例（"即"表达推进的本质联系的极限过程），因而老子说"势成之"，毕达哥拉斯说"万物皆比例"。

所有科学定律都是由导数或偏导数（某种斜率和梯度）构建的势函数，所以科学活动是"找势"——将宇宙各个层次上的势结构找到并表达为势函数。管理是沟通，沟通就是使组织中"差别"很大的元素"联系"起来；管理是激励，激励是使成员感受到未来与现在的巨大"差别"可以通过努力"联系"起来，所以沟通是对组织求导，激励是对个人求导，教育是对思维求导，组织和个人的成长过程就是在不断求导、营造信息强势中的积分过程。

好的文学作品总是将个性化差别巨大的人物通过某种情节紧密地联系起来，如《水浒传》；交响乐势是将差别巨大的弦乐与管乐、打击乐与弹拨乐在统一指挥下围绕音乐主题紧密联系起来；情感势表现为母亲总是喜欢最弱的孩子，因为同样的母子联系中最弱的孩子差别最大；好的教育和教材总是用同一个道理将差别巨大的内容联系起来，西方教育的成功在于西方教育文化构建的强势，如《夸克与美洲豹》及《可怕的对称》等，一个道理讲所有的事。东方教育的失落在于东方教育文化的弱势，如《论语》和《十万个为什么》，一个事讲一个道理。

势的运行机制是"差别促进联系，联系扩大差别"，所以"势趋"不变，宇宙加速膨胀，社会加速发展；势的稳定增长达到某种临界值，系统就发生非平衡相变和非线性分岔，从而衍生出素质、创新和风险。势在一定层次上的增长极限产生对称，对称形成数学结构的群，无干扰的物质势作用形成物质群，所以宇宙和谐，无干涉的信息势作用形成素质群、组织群和社会群，从而推动素质和谐、组织和谐及社会和谐。

在信息论中，信息表达为负熵。负熵意味着熵减，即意味着有序，有序就构成梯度，梯度就是势。所以，可以简单地表达为信息即负熵、即有序、即梯度、即势。由此可以通过信息论证明，信息势与有效信息量是等价的（为了区分哲学和科学中信息的不同含义，将科学中的信息也称为有效信息）。在信息化社会，信息人的有效信息营养有六个分维，即货币信息、权力信息、知识信息、情感信息、审美艺术信息和虚拟抽象信息。由于有效信息量与信息势的等价性，所以六维信息人表达着信息人的六维势生存：钱越多、职位越高、知识越丰富、朋友越多、神态打扮越漂亮、虚拟抽象能力越强，生存信息势就越大，活得就越自信。由此，势科学理论就与信息人假设逻辑地融为一起，使本书在结构上成为一个完整的逻辑体系。

从势的逻辑定义可见，如果"差别÷距离"是自然导数，则"差别×联系"就是社会导数。恩格斯指出："只有微分学才能使自然科学有可能用数学来不仅仅表明状态，并且也表明过程——运动。"[5]势科学理论首次将包括教育学在内的社会科学通过势与导数，即微分联系起来，这同样使社会科学及教育学"有可能在数学的意义上不仅仅表明状态，并且表明过程——运动"，从而使教育学及社会科学真正像自然科学一样沿着逻辑化科学化的道路，从而求解教育及社会发展的动力学问题。所以，势科学理论将社会科学与自然科学及文学艺术在基本的导数逻辑层次上统一起来，为各种交叉科学研究和通识性教育提供了可操作的指导原则，为管理学理论的统一和教育学理论的重建开辟了有效的研究路径。

势科学理论的极大概括性在于势揭示了信息功能的本质：信息是系统演化与发展的动力之源。势是信息的几何直观、物理直观和宏观测度，从动力学机制上揭示了信息的社会学、管理学和教育学意义。

势科学研究的主要内容是与素质、创新及和谐有关的、现有理论无法给以科学阐述的、涉及复杂系统的内容。势科学研究的主要对象是理论逻辑缺失的教育学、管理学和社会学。势科学研究的主要方法和数学工具是非线性科学理论和数学群论。势科学研究的可操作性概念是"对称性"，基本研究方法是从整体直觉到逻辑演绎，基本研究路径是：势→非平衡→素质→创新→对称→数学群→和谐→进动→势。

势科学理论的科学意义还在于它从更加抽象的层次上揭示了人类文明发展的符号逻辑和美好前景：人类第一次文明始于整体直觉，认识了"能"（mah）并学会利用自然能（水车推磨、帆船航海等），产生了原始文明，使人类脱离其动物性——趋向于"遗忘动物性自由",人类从自然的束缚中解放出来;人类第二次文明始于逻辑分析,认识了"力"(ma)并学会使用人工力(牛顿定律导致了大工业的建立),产生了工业文明(物质文明),使人类脱离其工具性——趋向于"遗忘工具性自由"(自动化趋向),人类从繁重的体力消耗中解放出来;今天,我们通过从整体直觉到逻辑分析认识了"势"(a),即导数的本质——信息,也就是认识了信息的物理直观和几何直观(本质上说,无论哪一种科学,只有能被直观的时候,才能产生得心应手的应用)以及信息的社会学、管理学和教育学意义,并充分地利用势(信息),将实现人类的第三次文明——教育文明和管理文明(信息文明、精神文明),使人类脱离其制约性管理和灌输性教育——趋向于"遗忘管理性和教育性自由",即中国文化历来注重的"无为而治"的教育和管理,不管理的管理,不教育的教育,使个人或组织格式化地只专注于营造信息势而不再拘泥于钩心斗角地相互揣摩以及挖空心思地相互算计,进而才有希望从复杂的管理纠缠和思想困惑及教育束缚中彻底解放出来。从"mah"→"ma"→"a",一次比一次抽象、一次比一次深刻,剥离了距离 h、剥离了阻尼 m,抽象出真正的核心价值"a",即"势"、信息,揭示了人类应对风险和不确定性。实现真正的自由和文明的逻辑过程,就是一个不断通过智慧性抽象,从复杂走向简单的势科学过程。

参 考 文 献

[1] 刘旭东. 论教学理论的重建. 高等教育研究, 2002, (3): 31~35

[2] 郝德水. 教育学面临的困境. 高等教育研究, 2002, (4): 23~27

[3] 李德昌. 势科学与现代教育. 西安交通大学学报(社会科学版), 2007, 27 (2): 84~92

[4] 李德昌. 信息人社会学——势科学与第六维生存. 北京: 科学出版社, 2007: 174~218

[5] 恩格斯. 自然辩证法. 中共中央马克思、恩格斯、列宁、斯大林著作编译局译. 北京: 人民出版社, 1971: 249

第二章　势概念的历史渊源、逻辑定义及势科学原理

考查势概念的历史渊源，可见于老子《道德经》："势成之。"[1] "势成之"的本质含义在于"势"包含的动力学机制和控制力量可以应对复杂系统的"不确定性"，从而有效地推进事物的成长与发展。

由于不确定性是复杂系统的普遍属性，因而有关势的理论是一个研究现代社会复杂性系统的有效理论，是一个可以将社会各领域的复杂问题转换为统一的信息问题，进而赋予一定的物理直观和几何直观意义，最终归结在一定程度上可以整体直觉的问题，从而使社会科学的研究在基于研究信息相互作用的基础上逐步走向逻辑化科学化的理论，是一个通过高度抽象达到简单、从而可以直接与经验和实践相联系且具有可操作性的科学理论。

俗语说"杀鸡不用宰牛刀"，但宰牛就必须用宰牛刀。试想，宰牛还用杀鸡刀，那肯定就更复杂了。所谓"宰牛刀"，就是高度抽象的、能够在最为本质的层面上揭示事物发展的内在规律的理论工具。社会科学面对的教育、管理及种种社会问题本质上是信息作用的复杂动力学问题，必须使用研究复杂动力学系统的高度抽象的"宰牛刀"才能有效地应对。

势概念包含的两个基本要素是"差别"和"联系"。系统复杂的本质正是由于系统中元素之间的"差别"和"联系"的相互作用和耦合产生了巨大的信息量、营造了强大的信息势，从而不断衍生出"相变"和"分岔"的不确定性而展现出复杂。"复"指重复、反复、嵌套式自相似、规律性——联系性，"杂"指多样、杂乱、差别、不同——差异性，所以系统越复杂、系统要素差别越大，联系越紧；系统信息量越大，势越大（可以证明信息量与信息势是等价的）。因而，应对复杂的唯一战略就是通过抽象达到"简单"，挖掘差别很大的要素之间的内在联系营造信息强势。实际上，以往各个领域，科学家解决复杂问题的办法都是通过抽象来实现的，抽象程度越高，能将越多的问题和事物在本质上联系起

来，获得的信息量就越大，营造的信息势就越强。当理论营造的信息势超过面对的复杂问题所具有的信息势的时候，复杂问题就迎刃而解。

按照前面已述及的信息人理论，高度抽象的信息除了各种科学理论，"钱"是一种重要的抽象信息，所以有钱的人应对复杂的战略就是用钱（货币数字信息，俗语也讲"有钱有势"）。钱由于高度的抽象而简单——钱是世界万物价值抽象的符号，因而简单到人人都能理解钱的功能和威力。所以，钱越多，能将差别越大的人及其各种要素联系起来营造强势。当钱的数量积累营造的信息势超过面前复杂问题的信息势（由于各种信息具有内在统一性，所以复杂系统包含的信息总是可以折算为货币信息）的时候，复杂问题就迎刃而解，一定意义上相当于"用钱买断了复杂"（俗语称其为"用钱来摆平"）。有权的人应对复杂的战略就是用权（权是信息的占有量，权力越大，汇报的人越多），"权"的本质是通过意识层面上的抽象内化为人们心底需要服从的力量，因而简单到人人能理解权的"暴力本质"。所以，权力越大，就能将差别越大的人及其各种要素联系起来营造强势。当权力大到营造的信息势超过面前复杂问题的信息势的时候，复杂问题就迎刃而解。有知识的人应对复杂问题的战略就是用知识，因为知识是抽象的，知识越多就能将复杂系统中越多的、差别越大的问题联系起来营造信息强势。当由知识营造的信息势超过面对的复杂问题的信息势时，复杂问题就迎刃而解。没钱没权没知识，但有情感——拥有众多的朋友及社会资源的人，应对复杂的战略就是通过日常积累的情感信息势调动社会资源。因为人多势众，复杂问题也就迎刃而解。没钱没权没知识也没正当的朋友，但身强力壮的人、占有暴力资源的人，如黑社会势力，应对复杂的战略可能就是暴力。因为暴力简单，暴力的强度越大能将差别越大的人"捆绑"起来（征服）。所以，往往在强大的暴力面前，复杂问题也就迎刃而解。实际上，追溯"势"意义的本源可能就来自暴力。势字由"执"字和"力"字构成，而"力"字是由"刀"字的一撇出头构成的，其象征意义犹如一个"带把的刀"。可见，"一个武士手执一个带把的刀"，这就是"势"。所以，势的原本意义就是暴力，即暴力势就可以应对复杂。

还有另外一些应对复杂问题的无可奈何的办法，但实际上也是在营造一种虚幻的信息势来应对。例如，没钱没权没朋友也无法使用暴力而娇柔无力的弱女子，应对复杂的策略可能采取戏剧性的行动："怀孕"，甚至"迷幻药"、"大麻"、"海洛因"也常常成为无能为力的人们用于解决复杂问题的方法，因为这些行动同样具有哪怕是虚幻式的抽象整合问题营造虚幻信息势的功能。

应用各种势（包括虚幻的信息势）来应对不确定性的这种人类行动的内在机制，未来学家托夫勒在不经意中从生活的实践层面给出了许多例证[2]："一般知识分子不仅在观念上寻求单纯性的解答，甚至在行动上也采取单纯性的方式。这些彷徨而焦虑的学生一方面承受父母的压力，另一方面又得忍受过时的教育系统，他们'被迫'去决定自己的事业、自身的价值及值得一试的生活方式。在这些压力之下，他们便狂野地寻求一种方法，以使他们的存在'单纯化'。他们乞灵于迷幻药、大麻、海洛因，并干尽种种违法的勾当，因为这些行为至少可以暂时'统一'自己的悲哀。他们把许多无从解决的困扰'精缩'成一个'大'问题，而将他们的'存在状态'激烈地'单纯化'（虽然也只是暂时性的而已）。"其中，托夫勒所说的"统一"、"紧缩"以及"强烈的单纯化"，都是一种至少可以达到"暂时性"抽象（实际上是一种虚幻中的抽象）而将纷乱无序的生活现实整合起来营造虚幻信息势的途径。这里托夫勒特别强调了"虽然也只是暂时性的而已"，说明这样营造的虚幻的信息势是不能从根本上解决问题的。用传统文化中带有贬义的成语来说，可能有点类似"虚张声势"，甚至"掩耳盗铃"、"自欺欺人"的意味。因而托夫勒指出："对于日益纷乱的压力不能应对的妙龄女孩，她们或许会采取超级单纯化的另一种戏剧性行动：怀孕。如同沉迷于麻醉药剂，怀孕或许会令她日后的生活变得复杂，然而却能使她目前面对的其他问题都显得不再重要。""再者，暴力也是从复杂的选择以及普遍的过度刺激之中所选择的一种'单纯'方法"[2]，"然而，信息科学家立刻将会为我们指出，拒绝、专业化、复古以及超级单纯化，都是对抗过度负荷的最好方法"[2]，这也可能是新儒教兴起的主要根源。使我们感到惊奇的是，托夫勒通过对生活的仔细观察，凭借其高度的直觉能力，已经基本上阐述了"抽象"、"信息"、"简单"、"暴力"这些看起来毫不相干的概念之间的内在联系。

实际上，应用简单来应对复杂并没有错，但遗憾的是暂时性的"单纯化"方法显然不是理性使然，而是非理性的无奈的时代表现。说它是一种"时代的表现"，是因为在社会的复杂性构建的强大信息势推动下，社会的急速发展使不善于进行高度逻辑抽象的人们来不及应对而导致其非理性。也就是托夫勒所说的"精神分裂者在标准速率下易犯的错误形态，是正常人在快速率下就会犯下的错误"[2]。

"复杂性"按照彼得·圣吉的《第五项修炼》的研究，可分为"细节性复杂"与"动态性复杂"[3]。对于细节性复杂，人们常常采用"潜意识"的感性把握——潜势把握；对于动态性复杂则需要理性的逻辑抽象——显势应对。对于潜势与显势的综合研究构成势科学理论，而科学的发展过程，就是一个不断营造显势以及不断将潜势转化为显势的过程。

第一节　传统文化中的势感悟

子贡问曰："有一言而可以终身行之者乎？"子曰："其恕乎！"于丹在其《论语心得》中评价说："这才是真正的圣人，他不会让你记住那么多，有时候记住一个字就够了。""什么叫半部《论语》治天下？有时候学一个字两个字，就够用一辈子了。"[4]可惜的是，孔子以及于丹推荐的这个"恕"字并不能使我们用一辈子，因为它不符合事物成长的规律，不能给个人以及社会提供发展的正确路径，却导致了中国几个世纪的封建专制。半部《论语》治天下的结果使中华民族落后了几百年。实际上，真正能够代表中国传统文化精髓的是老子的思想，老子提出的"势"才是我们"可以终身行之者"的那一个字。"势"是中国传统文化中历代智者用于描述世界万物成长过程的核心概念。老子在《道德经》中指出："道生之，德蓄之，物形之，势成之"[1]。无论干什么事，首先要有个道理再去干，之谓"道生之"；其次，干什么都要遵守行业规范和职业道德，之谓"德蓄之"；而且干什么事都必须有点物质资本才能去干，之谓"物形之"；最后能否成功，"势成之"。

老子甚至给出了"势成之"的宇宙规律和营造强势的基本原则，这就是"天得一以清；地得一以宁；神得一以灵；谷得一以盈；万物得一以生；侯王得一以天下正"[1]。"得一"就是得到统一、同一。就是要在差别巨大的对象中找到内在的统一、同一；就是要把不同的对象事物用同一个道理紧密地联系起来，用统一的规律支配世界万物，或者用统一的规则把世界万物统率起来。有了这样的势，天就清朗，地就宁静，神就灵验，山谷就充盈（穷人就富有），万物就生长，侯王就得天下。

"势成之"的古训对当今信息人社会现实的重要意义，华中科技大学公共管理学院陈海春教授给出了一个答案：一个能成功的人就是既"有用"又"可爱"

的人。他在中央教育台《东方名家》（2009 年 8 月）中演讲他的"人脉管理"理论时详细阐述了他的观点。而从逻辑的科学本质上来抽象陈海春教授的观点，则他所说的"有用"和"可爱"的人，其实就是一个具有"势"的人。因为"有用"的基础是差别，一个人必须和别人不一样（当然是更好）才能对别人有用。"可爱"的基础是联系，你与他人联系的越紧，他人就越感到你可爱。所以，有用×可爱＝差别×联系＝势，而且"有用"和"可爱"必须兼而得之，一个为零，势就为零。你"再有用"，但不讨人喜欢，就无法将人们联系在你的周围，就无法作用于别人，因而也就没有势。因而，陈海春教授所说的一个成功的人就是既有用又可爱的人，就是一个有"势"的人，势越大，成功的可能性就越大。所以老子所说的"势成之"是一个高度抽象的、具有逻辑内涵的普遍规律，适合任何时代的任何人。

传统文化中有关势的词语比比皆是，其中褒贬不一。诸如势如破竹、势均力敌、势不可当、势不两立、势在必行、势在必得、势成骑虎、声势浩大、因势利导、气势磅礴、气势汹汹、蓄势待发、弱势群体、仗势欺人、大势已去、人多势众、有钱有势、有权有势、审时度势、狗仗人势、虚张声势、造势、乘势、任势、用势、走势、趋势、形势、姿势、态势、架势、优势、劣势、势必、势头、势力等。

《孙子兵法·势篇》有关势的论述颇多。例如，"激水之疾，至于漂石者，势也"；"故善战者，求之于势，不责于人，故能择人而任势。任势者，其战人也，如转木石。木石之性，安则静，危则动，方则止，圆则行。故善战人之势，如转圆石于千仞之山者，势也"（《孙子兵法·势篇》）[5]。就是说，善于作战的将帅营造的作战情景就像在高山之巅滚动圆石，狂奔直下不可阻挡，这就是"势"。由此可见，在传统文化社会中，势隐喻的就是一种动力机制。

从中国文化的文字结构来考察，将"势"字分解，得到"执"字和"力"字，寓意着有势才有"执行力"，而成语"势在必行"则进一步详细刻画了执行力——有"势"必将"行动"。"势在必得"则寓意着事业成功的机制，而"势不可当"、"蓄势待发"及"势如破竹"则阐述了创新的逻辑机制。由此可见，中国文化的文字结构以及种种整体感悟，深刻地概括了管理和教育理论的力学解读。

第二节　自然科学中的势概念

随着自然科学的发展，为了描述系统的动力学机制，许多领域引入了势的概念。在化学中有化学势，在物理学中有位势、电势、真空势、量子势和超量子势以及规范势等。真空势推动了宇宙的暴涨，产生了世界万物，是暴涨宇宙学的出发点。量子势和超量子势是著名物理学家戴维·玻姆提出的，洪定国教授称为一级隐缠序的信息场和二级隐缠序的泛函信息场，是物理世界量子化的唯一缘由[6]，在深层次上诠释了非相对论量子力学和相对论量子力学因果率。《自然》杂志报道，在最新研究中，瑞士日内瓦大学的物理学家尼古拉斯·吉辛（Nicolas Gisin）及其同事的研究证明，两个光子间不可能是依赖通常的信息交流形式来沟通的。纠缠粒子间确实拥有一种内在的联系，而不是二者间某种信号的快速传递[7]。纠缠粒子间的内在联系就是量子势。

日常人们最熟悉的是位势和电势。所谓位势，一般指物理空间中两个位置点由于高低差别形成的梯度；所谓电势，一般指电场中某点至无限远点之间的场强之差，在数值上等于把单位正电荷从某点移到电势为零的点时，静电场力所做的功。所以，电势也称为电动势，往往与"能"和"功"联系在一起。一般而论，"势"指某种有序的事物或信息构成的物质场或信息场，营造一种"势场"，就具备了一种做功的本领，而且更重要的是势场强大到一定程度，将产生"非平衡非线性"作用，为系统造就内在的创新分岔进而有序成"群"的动力机制。所以，对于一个系统来说，营造一种有效的势场，就构建一种良好的发展机制，创造一种良好的发展势头，势场的强度越大，发展的速度就越快。

第三节　势概念的逻辑定义

任何一门学科的建立，必须从概念的定义开始，而且概念的定义必须能够包含该概念在未定义之前众多的相关含义。包含性越大，概念的定义就越精确，普适性就越好。综合传统文化与自然科学中各种有关势的本质意义，可以发现，势概念的含义中有两个最基本的要素，即"差别"和"联系"。例如，孙子说："激水之疾，至于漂石者，势也。"[5]实际上，水流急的地方，位置的高低"差别"大，而水作为一种流体又是内在连续（"联系"）的（流体力学建立的基础）；在物理学中，电场中某点的电势是电场中某点与无限远点之间在场强"联系"中的"差别"，物理空间中的位势是物体在引力场"联系"中的"差别"，量子势是微观粒子在一级隐缠序信息场"联系"中的"差别"，超量子势是不同场在二级隐缠序的泛函信息场"联系"中的"差别"等。而在世俗社会中人们常说的"有钱有势"和"有权有势"也完整地表达着势概念中的"差别"与"联系"。

另外，势的一个直观的概念是"梯度"。水流越急，水面的梯度就越大，势越大。所以，在科学的逻辑视角下，"势"是一个"梯度"。梯度等于差别除以距离，如图 2-1 所示，梯度 ab 等于差别 a 除以距离 b。由于差别与联系成反比，所以差别除以距离就等于差别乘以联系。一般而论，势的本质是"差别中的联系"或"联系中的差别"。没有差别就没有梯度，但只有差别没有联系，也无法谈及梯度。毫不相干的差别，根本无所谓梯度。水果与石头的差别很大，但水果与石头之间没有水果意义上的联系，因而就没有信息梯度，也就不产生信息势。苹果和葡萄也大不一样，但二者都是水果，有内在联系，因而就具有水果意义上的信息梯度，即水果意义上的信息势。由于在自然科学中总是用"距离"来表示元素之间的关系，而在人文社会科学中总是用联系来表述元素，即人或问题之间的关系，所以将"距离"转换为"联系"来表达势，就使势的概念具有了极大的普遍性，从根本上产生了将自然科学与社会科学统一起来的势科学机制。势概念的逻辑定义可以用公式表达为

$$势 = 差别 \div 距离 = 差别 \times 联系$$

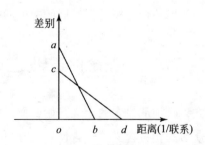

图 2-1　势 = 梯度 = 差别 ÷ 距离 = 差别 × 联系

由图 2-1 可见，势 ab 大于势 cd，所以势（梯度）在几何中是斜率，在微积

分中是导数。而斜率和导数的本质就是比例（在这个推演过程中，包含着剔除现象差别推进到本质联系的极限过程）。让我们感到惊奇的是，在老子提出"势成之"的同时，西方文明的大师毕达哥拉斯提出"万物皆比例"，印证了那句"英雄所见略同"这句话。可见，势概念的逻辑定义从根本上将老子宏观的哲学概括与毕达哥拉斯微观的数学分析统一了起来。

由于所有的自然科学问题都可以归结为导数或偏导数构建的势函数问题，所有的社会科学问题都可以归结为事与事、人与人以及人与事之间差别与联系的关系问题，所以在势科学的视域中似乎可以简单地说，自然科学是"除"，社会科学是"乘"。而无论是除还是乘，都包含着导数的内在逻辑，从而通过势科学的普适性论证，可以将自然科学与社会科学真正地统一起来。

第四节　势科学原理

在势概念的逻辑定义基础上，研究势的产生与运行机制的科学叫做势科学，势科学原理由三个势定律组成：

第一定律　世界万物的演化与发展是由不同层次上的势推动的，势的运行机制是差别促进联系，联系扩大差别，所以"势趋"不变，宇宙加速膨胀，社会加速发展。

第二定律　势的稳定增长达到某种临界值，系统就发生非平衡相变和非线性分岔，从而衍生出各种素质、创新和风险。

第三定律　势在一定层次上的增长极限产生对称，对称形成数学结构的群，无干扰的物质势作用形成物质群，所以宇宙和谐，无干涉的信息势作用形成素质群、组织群及社会群，才能产生素质和谐、组织和谐与社会和谐。

虽然，势科学原理表达为三个势定律，但其核心是"对称性原理"。有关对称性概念及其原理的重要性，在自然科学中已经被广泛地证实：大多数诺贝尔物理学奖的研究成果是关于对称性（包括不对称性），经济学家研究"信息的对称与不对称"也获得了诺贝尔奖，生物学研究中得到的重要的诺贝尔奖是研究DNA螺旋结构的生物学家和物理学家，而DNA螺旋结构中则包含了众多的不同层次上的对称性。就一般人们可以直接观察的宏观世界而言，自然界呈现的各种对称性，构筑了一个和谐而五彩缤纷的绚丽世界。但对称性是怎样来的，物理学家告诉我们"对称性支配相互作用"[8]，为什么对称性支配相互作用，目前的物理学还不能给予解答，因为粒子物理中的运动太快了，每秒钟 30 万千米的速度使人们来不及观测就已经对称了。但在社会信息作用的迟缓过程中，我们可以详细地研究对称性是如何发生的。

在最初的自然经济主导的原始文明社会，人口极其稀少，在主要以打猎为生的民族中，没有猎手与弓匠之分，所有的猎手都是弓箭制作者，所有的弓箭制作者也都是猎手，统称为猎人。这是由于他们之间社会来往很少，社会联系松弛，社会关系淡漠，自给自足，从而保持着整体对称，构成一种置换群的社会和谐[9]，就像全同粒子。当然每个人还是具有不同的个性状态，就像全同粒子的每一个都有一个自己的态（自旋）一样。

随着人口密度的增加，猎人们之间的来往增多，联系加强，在比较中显示出差别，猎人的整体对称破缺，有的猎人射箭的水平显得高一些，有的猎人弓箭做得稍微好一些。射箭水平高的猎人射猎的效率高，猎物就会有所剩余，弓箭做得好的猎人做弓箭的效率高，弓箭就有所剩余，这种"联系中的差别"形成了交换关系中的势动力，产生了交换的欲望。好的弓箭与剩余的猎物的交换使人们联系得更加紧密，产生了相互依赖。在交换的相互依赖中，随着交换程度的增加，差别又不断扩大——射猎水平高的猎人越来越多地从事射猎，从而促进射猎水平不断提高，以致最后成了纯粹的"猎手"；弓箭做得好的猎人越来越多地做弓箭，从而促进弓箭的制作水平不断提高，以致最后成了纯粹的"弓匠"。就这样在天长日久的"联系扩大差别、差别促进联系"的势的运行机制中，自然经济社会中猎人的置换对称破缺，同时产生了新的对称，即猎手与弓匠的变换对称：将猎手与弓匠位置变换，即使猎手成为弓匠、弓匠成为猎手，而猎物与弓箭的交换关系不变（变换以后的不变性叫做对称）。由此，原来所有猎人的置换对称组成的置换和谐群，由于猎人之间交往信息的相互作用而发生猎人之间置换对称的破缺，置换和谐群解体，同时又在作用信息量不断增加、信息势不断增大、信息作用不断强化的过程中产生新的对称——变换对称，从而形成新的变换和谐群。

实际上，人类社会分工的每一次进步，都是一次信息相互作用的旧的对称的破缺和新的对称的建立。更加确切地说，在人类的社会关系中，每一次普通商品的交换都是一次"强关系作用"的具体实现，都是一次"差别最大、联系最紧"的具体的对称——变换以后的不变性——将交换商品的双方主体位置变换，交换关系不变（交换价格不变），完全符合对称的逻辑定义。就像人体的左右对称，将左右反射变换，身体没变，即对称。所以，只要人们在生活和交换，对称就是常态。文明发展的趋势，就是交换更加频繁的趋势，因而就是对称化更加显著的趋势。

在农业经济萌芽的初始，人口数量少而居住又极其分散的情况下，粮食自给自足是生产的基本特征，所有劳作者的生存状况基本一致，既是生产工具的制作者又是使用者和种植作业者，因而处于一种置换对称组成的置换和谐群中。随着人口的增加和居住的集中，人们之间的联系加强，在共同的工具制作和种植作业中显示出了差别：有的工具做得更好更快、工具有了剩余而且更喜欢做工具；有的耕作更有技巧、粮食产量更高，粮食有了剩余而且更喜欢耕作。各自的剩余和爱好推动了农业社会的分工和产品交换，工具与粮食的交换进一步促进了工具制作者技术的提高和专业化，使其成为专门的"工匠"，即真正的手工业者；同时，耕作者的种植技术也进一步成熟成为纯粹的农民。就这样在交换的信息作用中，原来的置换对称破缺，并且在交换信息量越来越大、信息势不断增加的过程中，使手工业者与农民的差别最大而联系又最紧，产生了新的变换对称，既讨价还价互相竞争，又相互依赖而共同发展，从而由变换对称组成了农业社会的变换和谐群景象。

在工业社会初期，生产既需要高的技术提高质量，又需要共同合作提高效率。这时有的人"会做"而做得好一些，有的人"会说"而说得好一些。"会做"的技术不断进步，提高了产品质量，"会说"的则担当起"沟通"任务，使大家更加协调而提高了生产效率。由此"会做"的更加致力于"做"而且喜欢"做"，技术不断提高，成为真正的技术工人；"会说"的更加致力于"沟通"，而且喜欢沟通，沟通的技巧不断提高，成了纯粹的管理者。由此形成了"生产者"与"管理者"的变换对称，差别最大而又联系最紧，既有利益的互相竞争，又有生存的互相依赖而共同发展，形成了工业社会的变换群和谐景象。

随着生产的发展和生活的提高，人们的需求增加、分工细化，产生了各种层次上分工和职业的对称。例如，食物生产者与服饰生产者的对称化发展解决了人们的"吃"和"穿"的对称化需求；建筑业与交通业的对称化发展解决了人们"住"和"行"的对称化需求；制造业与服务业的对称化发展使人们的生活质量更好；实体经济（生产）与虚拟经济（金融）的对称化发展使社会的生产效率更高、发展更快……形成了一派多维变换对称而成群的和谐景象。

在以往的各种对称中，最早是通过物质与物质的交换，如弓箭与猎物的交换来完成的，后来是通过信息与物质的交换，如货币与商品的交换或信息与信息的交换，如货币与知识的交换来完成。换句话说，总是通过某种"中介"而完成的。在物质与信息极其丰富的现代社会，人们的差别越来越大，对称性极化越来越强，导致联系越来越紧，以致人们几乎感觉不到"中介"的存在。现代迅猛发展的各种足浴、按摩等服务业是典型的代表，按摩成了个体之间的直接对称——不同个体的躯体之间直接相互作用的对称，一方收获生物性舒适（按摩的快感），另一方收获信息的满足（货币的收入），各种过去只有在皇宫中的"大势"下才可以产生的对称，现在成了社会和谐的普遍景象——每一位足浴技师都希望服务更多的顾客（要是常常被"点钟"就更高兴），而每一位顾客也希望得到更多更好的服务。在刷卡付费的基础上如果实现指纹付费，也许足浴技师只要在作业的同时定向的按一下您的手指或脚趾，对称就告完成。

然而，这种感觉不到"中介"的对称直接挑战着与职业相连的"人格"，因而挑战着和谐。在自然经济社会，以物质为中介的交换是信息对称的，"弓"与"箭"在交换过程中的价值差别不会太大，一只"鸡"换一只"兔子"的价值差别也不会太大，职业之间的贵贱之分几乎没有，而且更多的生活是自给自足，平等的自然环境和人性禀赋使人人都乐此不疲，与自然职业有关的人格的不变性构成普遍的置换对称（就像两块贴面砖位置互换整体图案不变，两个不同职业位置的人互换，交换关系和人格感受不变），维持社会群成立从而使社会和谐；在信息经济社会，以信息符号为中介的交换和几乎感觉不到符号中介的交换，往往是信息不对称的。例如，主人与家教之间的交换和顾客与足浴技师之间的交换，首先在职业地位上有一个"雇"与"被雇"的不对称；其次，"多少知识值多少钱"、"多少按摩值多少钱"，在不同的情景和场合差别会很大，这就更加凸显"雇"与"被雇"的不对称，从而在心理上产生对于"人格自觉"的压力。特别是在传统文化主导下的人性禀赋约束中，要使"雇"与"被雇"的地位互换而交换关系不变和人格感受不变，已经很难实现。而且，在各种服务和生产的实际过程中，人格受到歧视甚至侮辱的事常常发生，社会的和谐受到了挑战！因而才需要构建和谐社会的战略。所以，构建和谐社会，除了需要营造显势——制度、法制建设和信息公开透明以外，还需要营造潜势——摒弃社会歧视、削减文化阻尼。所有这些机制都包含在社会和谐的数学模型——人格不变性主导的社会泛群模型之中[9]。

为了真正实现人格的不变性，必须在社会的文化场信息中建立纯粹的"职业"理念。在物质生产为主的传统社会，人格与职业是一体化的，因为职业不分优劣，人格也就没有高下。在信息生产为主的信息化社会，职业的优劣差别越来越大，如果人格还捆绑在职业上，人格差别就会越来越大。所以，信息化社会必须要求将人格与职业彻底分离。就是说，要将职业从人格中剥离出来建立纯粹的"职业理念"。"职业"只与能力对称，而与普遍的社会人格无关，无论你是足浴技师还是政府官员，都只是一种职业，而与人格的高下无关。这需要社会的文明信息势达到某种能够彻底分离"职业"与"人格"的临界值才能实现。

在信息化时代，强大的信息势构建的社会的非线性机制，将人们从最初阶段微小的情感差别上分开（分岔），强大的信息势激励使人们对事物敏感程度的微小差别（情商）被放大。对事物和信息敏感的小孩，其微小的热情在信息势激励下放大成为强大的情感势产生终身的追求，追求推动其勤奋而成大业（情商决定智商），最后成为创业者；而对事物和信息不敏感的小孩，则无法调动激情，可能会无奈地浑浑噩噩，庸庸碌碌，不求上进，对什么都无所谓，最后成了打工者。但只要社会和文化没有歧视，他们当然也就心安理得。所以，实际上在信息势催生职业对称性激化的同时，只要文化和社会没有歧视，也同时培育着心理上的认同。就是说，在物质极其丰富的现代信息人社会，只要能够摒弃社会歧视、削减文化阻尼，社会和谐的数学群模型就能成立，社会就能和谐。

差别促进联系、联系扩大差别的势运行机制，也许在一个高速公路上看得最清楚。交通中的联系，即物理空间中的联系用交通的"畅通程度"表达，交通的畅通程度越高即运动越自由、联系越紧。然而，我们看到交通越畅通即联系越紧，车辆之间的距离差别，即物质空间中的位置差异就越大；交通越堵塞即联系越小，车辆之间的距离差别就越小。这是因为在一个畅通的公路上，即一个畅通无阻的自由环境中，各个车辆可以充分发挥各自的潜力，动力大的车辆就越跑越快，作用的结果就是差别越来越大；而在一个泥泞的、凹凸不平的、堵塞的公路上，即一个存在许多障碍而不太自由的环境中，动力大的车辆无法展现能力，环境的约束限制了能力的发挥，就不能拉开距离，从而不能扩大差别。

由此可以预见，社会越来越充分的信息化进程，就像一个越来越宽而越来越畅通无阻的高速公路（在信息技术中就将宽带形象地称为"信息高速公路"），在给人类带来越来越紧密的联系，即越来越自由的作用和运动中，将使每一个人的能力充分发挥。在这样一个高速公路上运动，能力不一样的信息人，必将差别越来越大，贫富越来越悬殊。因而，能够控制贫富差别的唯一路径就是国家的制度建设和政策控制，就像高速公路上行驶的各种规范和限速控制一样。

就科技工作者的情况而言，信息化、网络化程度越高，人们收集资料和信息并加以选择和整合就越方便，将信息和知识联系起来的成本就越小，速度就越快，就越能充分发挥每一个人的工作能力。而个人能力发挥得越充分、各人的成果差别就越大，从而收入差别和荣誉差别就越大，科技工作者的分化程度就越快。在一个充分信息化的时代，所有的人站在了同一条起跑线上，信息的极度透明和公开（下载的极度方便）使每一个获取信息的成本极小，而重要的就是个人选择信息的能力和融会贯通的能力——核心竞争力。而选择就是分岔，分岔就是创新，选择就是决策，决策就是管理，所以信息化时代是一个充分应用创新能力的时代，也是一个充分展现个人管理能力的时代。

就社会的整体结构发展而言，在势科学原理的支配下，人类的置换对称（犹如全同粒子的对称）与变换对称（犹如磁铁的南北极对称）将在不断的对称破缺中交替演进：传统农村的个体具有整体同质性，是置换对称的，形成置换群；在信息化推动下社会的城市化进程中，势科学原理支配的信息人个性化机制，使置换对称破缺，变换对称建立——城市分工的对称性互补使城市公民成为变换对称的。当城市化完成之时将出现大批的城市中产阶级，他们的工作虽然是因各不相同而形成互补的变换对称结构，但他们的收入是基本持平的中产阶级收入，由此在收入水平上变换对称破缺，置换对称建立，使城市在生活水平上成为橄榄型的整体对称的置换群。在势科学原理支配的运行机制中，社会的进一步发展将使收入差别不断扩大，富人与穷人的差别越来越大，收入一致的置换对称再次破缺而形成富人与穷人的变换对称。富人无法消费的巨额财富促使社会形成普遍捐赠的价值认同，而穷人则由于生产效率的极大提高，也只需要很少的时间工作，甚至有一大部分穷人将依靠富人的捐赠生活而几乎脱离实际的生产劳动。由此，富人将在捐赠中潇洒，穷人将在被捐中自由，只要人格保持不变，社会将形成哑铃型的富人与穷人的变换对称群，实现更高层次上的文明和谐。

参 考 文 献

[1] 邵汉明，陈一弘，王素玲. 百子全书：老子·庄子. 沈阳：辽宁民族出版社，1996：61，48

[2] 阿尔文·托夫勒. 未来的冲击. 蔡伸章译. 北京：中信出版社，2006：199

[3] 彼得·圣吉. 第五项修炼. 郭进隆译. 上海：上海三联书店，1998：421

[4] 于丹. 于丹《论语》心得. 天地人之道. 北京：中华书局，2006：11，14

[5] 杨义，马银琴. 孙子兵法评注. 长沙：岳麓书社，2006：45

[6] 戴维·玻姆. 整体性与隐缠序——卷展中的宇宙与意识. 洪定国，张桂权，查有梁译. 上海：上海科技教育出版社，2004：11～14

[7] 任霄鹏. 量力通信科学网：www. sciencenet. cn . 2008-08-14

[8] 宁平治，曾月新，李磊. 杨振宁科教文选——论现代科技发展与人才培养. 天津：南开大学出版社，2001：176，290～292，401

[9] 李德昌. 势科学视域中的和谐社会及理论模型. 南京社会科学，2010，(4)：69～76

第三章　势科学视域中的"理性信息人"假设

恩格斯曾经指出："只要自然科学在思维着，它的基本形式就是假说。"[1]同样，只要社会科学想成为科学而且希望继续思维，理性信息人假设就是基本的逻辑起点。

笔者在《信息人社会学——势科学与第六维生存》中，第一次较为系统地提出信息人假设，后来得到郭重庆院士给予的启示，在本书中正式将"信息人假设"改为"理性信息人假设"。虽然在很多地方为了叙述的简单，也常常只用"信息人"的术语，但所有"信息人"即"理性信息人"。

"理性"是科学研究的逻辑基础，如果按照行为经济学的观点，人真的是"非理性"了，那么对人的科学研究将不复存在！实际上，人之所以放弃追求"经济利益最大化"，是为了追求"综合信息最大化"，或者说为了追求综合信息最大化，就不得不放弃经济利益最大化。也就是说，为了更高层次上的"信息理性"，就不得不放弃物质层面上的"经济理性"。

第一节　六维信息人与六维信息势

物质人是三维的，其生存的物质空间也是三维的。忽略人的物质性和生物性，信息人实体是物质的，因而也是三维的。但信息人意识是六维的，即金钱意识、权力意识、知识意识、价值情感意识、艺术审美意识和虚拟抽象意识，因而由信息人组成的社会是"货币、权力、知识、情感、艺术和抽象"六维的信息势空间。信息人是信息势空间中的六维信息势向量，即"货币信息人"、"权力信息人"、"知识信息人"、"情感信息人"、"艺术信息人"和"虚拟抽象信息人"。六维信息势向量表达着信息人生存的六维信息依赖，以及信息人追求的六维"不变性"机制，既独立又统一。

一、货币信息人与货币信息势

在物质人和生物人时代，货币是物质财富的象征。在信息化时代，货币几乎成了单纯的数字信息——对于富人们来说，存在银行里的钱可能永远用不上（几辈子花天酒地也花不完存款利息的零头），然而"货币数字"却能给他时时带来喜悦和自信，看着银行存款数字的不断增长，活得就更有信心；而作为生物人向信息人转变的另一个极端，看看那些讨饭的，也不要能维持生物人新陈代谢的物质营养——馒头，他也要那些能带来希望和自信的信息——货币数字，货币数字本身成了信息人的营养。货币数字积累得越多，活得就越有信心。所谓的"财大气粗"其寓意就是说"越有钱就越自信"。

货币的信息功能毋庸置疑。无论哪一种生产部门，生产的结构有序和功能有序的产品最后都将加入社会的市场化过程而格式化为全社会公认的、代表这个企业为社会贡献的"有序信息"——货币而储存起来。

货币信息势早有俗话表达为"有钱有势"。一个人越有钱，与别人的差别就越大，别人还越喜欢与他来往产生更紧密的联系，甚至往往听从他的指挥和调动，所以叫"有钱有势"。从时空视角看，货币信息势是一种时间信息势，即一个人具有的货币总量除以他的有生之年，也就是单位时间可以消费的货币信息量。

二、权力信息人与权力信息势

生物人时代，权力意味着对物质的占有，甚至意味着对人的占有。在信息化时代，权力不再显露原始的野蛮，但权力本质上却意味着对于信息的占有，权力越大（职位越高），汇报的人越多。权力作为信息占有量的标志，给信息人带来自信，同样成了信息人的营养源。权力越大，职位越高，就越有自信。

信息人是立体化的、个性化的、独立性的、线性无关的、具有创新性、占有较多的信息量、处于较高的信息位的人，因而是横向联系松弛、纵向关联密切的人（职员只听老板的）。权力信息位越低的部门管理越复杂。通俗地讲，就是县官好当，村官难当。

权力的基础是服从，权力越大意味着服从的基础越广。服从意味着人性的内化，所以权力是"人性内化"的结果。随着社会财富的日益丰富，权力的效用将不断增加，这是物质社会到信息社会转化的必然趋势。

权力信息势早有俗话表达为"有权有势"。一个人越有权，与百姓的差别就越大，百姓还越喜欢与他联系，所以叫"有权有势"。从时空视角看，权力信息势是一种空间信息势，权力越大，管理范围越大，联系起来的人越多。

三、知识信息人与知识信息势

一些人不追求财富，不追求权力，却用其毕生追求知识，是典型的知识信息人。对于知识信息人来说，知识能产生自信，因而是信息人更基本的营养。

如果有人说，在工业文明时代，"穷得只剩钱"那只是一种比喻，甚至是一种夸耀，但在信息文明时代，"穷得只剩钱"可就实实在在了。就像在农业时代，甲对乙说：我穷得只剩谷子，乙说不定还会对甲投以羡慕的目光，因为农业社会的主要财富形式就是粮食。可要放在工业时代，甲再说"穷得只剩谷子"，乙一定会表示理解，因为工业社会的主要财富形式是金钱，光有谷子可不就是穷人吗？

知识是"人性升华"的结果。知识表达着人性与自然的融合，人性与规律的衔接，人性与理性的统一。知识可以引导货币的投向，可以支配权力的运作，可以驾驭情感的表达，可以促发艺术的创作，可以创造虚拟抽象的环境。从知识文明的视角来看，信息化社会能够融会贯通的知识的效用会不断增长。

知识信息势早有名言"知识就是力量"。知识越多，与普通人的差别就越大，人们都喜欢与有知识的人在一起联系紧一些。同时，知识越多，能将更多的不同问题联系起来，所以知识越多势越大。从时空视角看，知识信息势既是时间的，又是空间的，时间上表现为知识老化带来势的衰减，空间上表现为知识越多，联系起来的问题或事物越多，信息空间的覆盖越大。

四、情感信息人与情感信息势

一些人没钱、没权，也谈不上有知识，他们生活的信心依赖于情感：母亲依赖对儿女的情感，儿女依赖对父母的情感，信教徒依赖对宗教的情感。同样，朋友间的情感，恋人间的情感，都为人们带来信心和自信，成为信息人又一种基本的营养。情感越丰富，信仰越虔诚，交往越广泛，活得就越有自信。

钱、权、知识具有普适的价值，因而导致了信息人的共同追求。"同一"的追求形成残酷的竞争，产生了信息人之间经济、地位和文化的巨大差别。这是"格式化"（全球化、统一化）导致了局域化，然而情感信息本身却是如此局域化。每个人都有不同的情感对象以及不同的情感追求，因而不同的人在不同的情感环境中得到了同样的情感愉悦和快乐，所以情感信息才是"大众食品"，人人可以得到的最基本的信息营养。

情感可以表达为亲情、爱情、友情和激情。其中亲情、爱情和友情是朴素的动物性情感，"激情"才是真正理性的信息人情感。所谓理性的，是指"激情"是信息人对外在信息的内在理解基础之上的情感冲动，是信息人创新活动的源泉。

情感是"人性的基础"。情感不能像金钱一样表示富有，不能像权力一样象征力量，也不能像知识一样代表能力，然而情感却可以使所有这一切有意义或无意义：它可以使钱"一钱不值"，可以使权力失去威力，可以使知识产生恶果——核武器、网络黑客、知识犯罪，可以使艺术改变性质——美变为丑、丑变为美。

情感信息势常常表现为"爱的力量"，爱是一种情感梯度，是人们在认识事物时感受到事物在联系中的差别或差别中的联系所激励的一种情感梯度。母亲疼爱最弱的小孩，是因为在同样的母子联系中差别更大；在一群同样智力和身体条件的孩子中，母亲总是喜欢自己的孩子，是因为她与自己的孩子联系更紧。在学习中，如果在差别很大的问题中找到内在的联系和统一，就会产生强大的情感梯度或情感势，形成强烈的学习兴趣和推动力。

五、艺术信息人与艺术信息势

艺术本身是信息选择的结果。一张名画之所以成为艺术，是因为画家在所要画的对象的全部信息中选择出最能体现所画对象的艺术特征的信息。如果将他所看到的都画下来，那就是照相而非画画；舞蹈艺术在于舞蹈家选择了生活中最有艺术特征的信息，并用他们的形体语言表达出来。所以，艺术家都是艺术信息人，他们靠在生活中选择出艺术信息作为自己的营养。正因为如此，大多数真正的艺术家的现实生活总是不尽如人意，甚至穷困潦倒，如凡高。

艺术信息人的特征体现为对艺术的追求，艺术的生产、创造，艺术的表现（表演）和艺术的消费。对于物质人、生物人及社会人来说，物质消费是快乐的，而物质生产在消耗体力的同时感觉是劳苦的。但对信息人来说，不但信息消费是快乐的，而且信息生产在消耗脑力的同时感觉同样是快乐的，这是因为信息生产本质上是一种艺术活动。所以，IT产业的职员可以不吃不睡地保持生产的活力，作曲家、画家、歌唱家以及所有艺术家没有一个不是在兴奋和快乐中从事生产和创作。真正的科学家正是由于在生产和创造知识信息的过程中深浸在艺术审美的体验中，才可以不计较个人得失。

艺术是"人性的最高体现"。在抽象的信息层次上，各种艺术对象以及漂亮和潇洒是视觉、听觉及感觉信息组织的有序和信息结构的和谐。它与人类基因信息的结构有序形成默契、共振，所以人类"骨子里"都会追求艺术和喜欢漂亮及潇洒。

艺术信息势表现在：艺术修养越高，与观众的差别越大，越受观众的欢迎，从而与观众的联系越紧，势越大；同样，出众的漂亮姑娘和潇洒小伙与众人的差别越大，越受众人的宠爱，势越大，对眼球的吸引力越大，回头率越高。

管理的艺术性体现在管理者能通过巧妙的管理技巧和方法，将差别巨大的管理目标和管理环境与管理对象在企业文化和社会伦理的基础上紧密联系起来，营造丰富的管理艺术信息势，使管理对象感到自然、和谐、愉悦和舒畅，从而为实现组织的目标而不辞劳苦。

六、虚拟信息人与抽象信息势

在信息化的网络时代，产生了依赖于网络生活的新人类，他们沉迷于网络而逃避现实，成为典型的虚拟信息人。广义地讲，虚拟信息人也包括沉迷于"赌博"、"抓彩"等行当的追求侥幸行为的市民，以及从事"金融投资和虚拟企业投资"的企业家。

无独有偶，当人类创造了大工业的时候，强大的机器生产线将人类捆绑在机器上，因而机器的模式同化了人类，产生了一大批"活着的"机器人，他们的思维成为纯粹机械的、还原论的；当人类创造了网络世界的时候，网络强大的"格式化"作用，将人类再次同化，创造了网络的虚拟信息人。在人类创造出机器的同时，大机器把人类再造成机器人；在人类创造出网络的同时，网络也把人类再造成虚拟信息人。

从网络游戏到IT产业，从虚拟企业到金融经济，不断证实着虚拟将是信息人社会最重要的生存和竞争方式。

虚拟的本质是抽象，是"人性最终的简化"。在抽象的虚拟层次上来看，"人"一生只不过活一种"感觉"或"感受"而已，所以钱再多又能怎样，权再大又能怎样，知识再渊博又能怎样……人生既然是一种感受，那就直接去感受——创造一种虚拟抽象环境去直接感受，所以虚拟信息人将人性在信息生活的本质上通过抽象而彻底简化了。

抽象信息势是指以计算机为核心的、可以将任何对象都抽象为比特，从而统一在一个虚拟的信息环境之中的信息势。它创造了充分发挥想象的以致看起来无所不能的游戏空间；将所有差别很大的对象可以即刻联系在一起的无所不在的网络世界；将世界各地优势资源迅速重新整合从而不用办工厂就可出名牌的虚拟企业，等等。

人类学和生物学的研究都已表明，人类的进化历史典型地凝缩到从卵子受精到胚胎发育及出生成长的全过程中。而人类从物质人、生物人、社会人到信息人的嬗变过程也同样凝缩到人类从卵子受精到出生成长的全过程中：从卵子的受精到胚胎的成熟是细胞的分裂成长过程，因而是一个物质人成长占主导的过程；刚出生的婴儿，拿什么都往嘴里放，这个时期主要是通过食物的代谢支持生物体的发育成长过程，所以是一个典型的生物人成长过程；从他喜欢和小朋友一起玩的时候开始，就经历着社会化的实现过程，所以是一个社会人的成长过程；而以后在"激情"和"爱"主导下的一切过程，就是信息人的生活和成长过程。

六维信息虽然是每一个现代信息人都应具有的，但概括地表达为六种典型的类型，有利于认识现代人类的结构：货币信息人——有钱有势的富翁，权力信息人——有权有势的高官，知识信息人——具有丰富知识的科学家和知识分子，情感信息人——富有激情而且具有丰富社会资源的道德高尚的智者，艺术信息人——具有各种才艺和天赋丽质的艺术家，虚拟抽象信息人——凭借整体直觉的高度抽象整合各种资源的企业家。

六维信息人理论是笔者独立提出的，在以往的有关教育和社会科学的研究中，虽然没有明显地看到有关六维信息人的抽象研究，但一些学者有关个体能力的研究已经十分接近六维信息人理论。例如，朱小曼在《情感教育论纲》中指出："美国学者丹尼尔·平克著的《全新思维》一书，向我们展示了引领未来的六种基本能力——设计感、故事感、交响能力、共情能力、娱乐感、探寻意义。"[2]很显然，"设计感"属于知识信息范畴（进行设计的基础是知识），"交响能力"属于权力信息范畴，即属于管理范畴的号召力和沟通能力，"共情能力"属于情感信息范畴，"娱乐感"属于艺术审美信息范畴，"探寻意义"则显然属于虚拟抽象信息范畴（在各种知识或事物及问题的综合抽象中才能探寻到意义）。唯有"故事感"与"货币信息"看起来似乎相差甚远，但只要细细想来，哪一种货币的积累过程不是充满着"故事感"。中央电视台曾有一个人所共知的栏目叫做《财富故事会》。当然，还可以在更加数学的逻辑基础上研究信息人理论假设的科学基础。

第二节　信息人假设的科学基础

一种概念或理论要能够成为科学的，必须具有逻辑的和数学的构建机制，即简化要素必须符合数学要求的独立性、完备性和相容性。对于信息人假设基础上的六维信息势向量的独立性、完备性和相容性考证如下。

一、独立性

钱、权、知识、情感、艺术、虚拟抽象六维信息势向量的独立性是显而易见的，因为六维之间没有重叠也不可能化约，"钱"不能当"权"用，"知识"也既不是"情感"、又不是"艺术"、更不是"虚拟"，等等。仔细考量可以证明任何两维之间都不可化约，具有独立性。

二、完备性

简单地说，如果独立性要求的是简化要素不能"多"，多了就可能重叠、线性相关而被约化掉，那么完备性要求的则是简化要素不能"少"，少了就不能充分地描述对象的所有特征。六维信息势向量既不重叠，又基本上概括了信息化时代的各类人群，因而具有相对的完备性。也就是说，信息人社会中任何一个信息人，都可以在六维信息向量的数轴上取不同大小的值，从而表示为六维空间中的一个点。

三、相容性

广义的相容性概念要考虑数学中的集合。对于数学中的一个集合，相容性简单地说就是各要素之间的平权性、一致性和联系性。例如，考虑一个水果的集合：梨、苹果、枣等都可以放在一起，因为它们具有水果的平权性、一致性和联系性，但如果把石头也放在一起，这个集合中各要素就失去了平权性、一致性和联系性。石头不是水果，所以石头与梨、苹果、枣等不具有水果的相容性。一个人可以同时兼备六维信息要素，说明六维信息向量具有相容性。

一般来说，在一个具有内在联系的完备性集合中，元素之间的独立性越好，相容性越好。由于各种粒子之间良好的独立性，才使得由粒子组成的物质世界如此和谐与统一。从人类历史的发展进程看，当人人都从事一样的生产、经历一样的生活、思考一样的问题时，意识的趋同使人们之间的联系松散，谁都不依赖谁，而且往往追逐同样的资源，时常是争斗和战争，甚至导致世界大战。当信息全球化和经济全球化使世界变得越来越局域化，人变得越来越个性化、专业化的时候，人们之间的依赖性增长，相容性增加，世界经济和人类利益越来越一体化。虽然还有恐怖活动和某些局域化战争，但世界大战显而易见已经不再可能发生。

同样，对于六维意识空间，当独立性强化的时候，相容性也在增加。现代社会为什么权钱交易愈演愈烈？知识变成金钱的速度为什么越来越快？情感友谊为什么成了赚钱和晋升的社会资本？为什么歌星、明星愿意被大款包养？就是由于"钱"、"权"、"知识"、"情感"、"艺术"等意识向量之间的独立性和相容性机制所导致的。

对于现代社会的"企业集合"来说，企业之间的资产专有性越强，企业之间的联盟就越容易越紧密。同样，一个社会中人的个性化越彻底，社会个体之间的联系就越紧密，社会整体的信息量就越大，势越大，社会的竞争力就越强，发展就越快。本质上都在验证着"差别促进联系、联系扩大差别"的势科学机制。

信息人理论更加科学性的逻辑验证是六维信息人的两两对称——货币信息与情感信息的对称（货币靠情感来把握，不然就可能认钱不认人）、权力信息与艺术信息的对称（权力靠艺术来实现，权力越大越讲究管理艺术）、知识信息与虚拟抽象信息的对称（知识靠抽象来提升，知识零散就成为教条）构成的可逆元集合、以"信息人"为恒等元形成数学结构的群，从根本上证明了信息人理论假设符合数学要求的独立性、相容性和完备性，具有科学的逻辑基础。而这种独立性（差别）和相容性（联系）同时也保证了信息人结构具有最大的信息势，因而具有最好的竞争力。六维信息的两两对称将从根本上奠定信息人作用张量表达的逻辑基础。

　　六维信息人和六维信息势从横向看具有数学要求的独立性、相容性、完备性的形式结构，而且由于两两对称形成横向的数学群结构；从纵向看，还具有内部螺旋式递进生成的层次性结构：情感信息的自由度缩并形成知识信息（感性彰显产生理性，科学产生于多样性爱的追求），知识信息的自由度缩并形成权力信息（一方面知识产生话语权，另一方面达不成共识的知识需要权力来整合），权力信息的自由度缩并形成货币信息（基础层面是所有权的交换产生货币，政治层面是多样性权力追求统一的货币），货币信息的自由度缩并形成艺术审美信息（货币信息的积累升华为对审美与和谐的追逐——富有产生文明）。在这个层次中似乎没有包括虚拟抽象信息，也许是因为抽象和虚拟本质上是更高层次上的知识，但是实际上各种审美艺术信息的自由度缩并也形成最终的虚拟抽象信息——虚拟的美和抽象的美正在成为后现代社会的潮流。而多样性的虚拟抽象性审美意识的自由度缩并又产生更高层次上统一的情感关注。由此，又从情感信息开始形成另一个层次上的六维信息人和六维信息势的螺旋式循环递进。从数学上可以证明，螺旋运动是由一个圆周运动和一个平移运动形成的，圆周运动产生变换群，平移运动产生置换群，所以六维信息内部的螺旋式递进增值不但同样具有数学要求的独立性、相容性和完备性，而且又形成变换群与置换群嵌套的数学群结构，充分证明了六维信息人假设的科学性。

第三节　信息势测度的复空间表达和张量求解

一、信息势的共轭复空间测度

　　仔细考察"钱、权、知识"和"情感、艺术、虚拟抽象"，可以发现前三维和后三维具有完全不同的特征，前三维是显化的、有限可测的，后三维是默化的、难以测度的。所以，在势科学理论中，将前三维叫做"显势"，后三维叫做"潜势"，显势与潜势构成复势，即组成徐飞和高隆昌[3]及高隆昌和李伟[4]从数学的逻辑层面提出的"管理二象对偶"理论中所说的"实象"和"虚象"的二象对偶。其复势的测度必须在共轭复空间中进行，即

$$|P| = \sqrt{(X + iQ)(X - iQ)} = \sqrt{X^2 + Q^2} \tag{3.1}$$

式中，$|P|$为复势，表达组织或个人"显势"与"潜势"耦合作用的总信息势。X为显势，表达组织或个人的显化能力。组织的显势由"可计算的资金、资产、技术信息（学历构成及专利技术）、制度法规"等组成，信息人的显势由"货币信息、权力信息、知识信息"组成。$\pm iQ$为潜势，表达组织或个人的潜在能力。组织潜势由"成员个性结构及组织文化（包括品牌）"等组成，信息人潜势由"情感信息、艺术信息、虚拟抽象信息"组成。

由式（3.1）的计算可以证明，组织或个人的潜势又必须是对称的，即$+iQ$和$-iQ$的对称，其复势$|P|$才能取得最大值，从而营造组织结构强势和信息人素质强势。这是复势共轭的基本特征，也就是徐飞和高隆昌等提出的复杂系统的"复合二象性"[3,4]。

构建组织潜势中组织文化的对称性必须坚持：既有严格的纪律，又有足够的自由；既有规范的制度，又有充分的民主；既能很好地执行，又能主动地发挥；既有严肃的行动，又有浪漫的氛围，等等。

构建组织潜势中组织成员个性的对称性必须坚持：既培养刻苦钻研的，又培养灵活变通的；既培养擅长研发的，又培养擅长管理的；既培养擅长生产的，又培养擅长营销的；既培养"唱红脸"的，也培养"唱白脸"的，等等。

营造信息人潜势中情感信息的对称性必须坚持：既充满自信，又谦虚待人；既激情浪漫，又沉着冷静；既灵活变通，又刻苦钻研；既有独立冒险精神，又有广泛社会交往，等等。

营造艺术信息的对称性必须坚持：既追求高雅，又入乡随俗；既欣赏他人，又愉悦自身；既简洁明快，又风趣幽默。

营造虚拟抽象信息的对称性必须坚持：既能总结归纳，又能逻辑模拟；既能善于抽象，又能驾驭经验；既能浮想联翩，又能把握直觉。

二、信息势的张量求解

自从爱因斯坦伟大的相对论问世以来，科学的发展业已证明，浩瀚宇宙中一粒毫无意识的"宇宙灰"（天体）运动的准确描述都要应用抽象的张量工具，具有复杂意识的信息人作用机制的完整刻画至少要使用张量数学。因为，只有张量才能够完整地描述既具有量性（大小），又具有向性（方向），还具有对称性的事物或问题。信息人理论假设的科学性基础，为应用张量工具提供了条件。如果信息人的三维显势"钱、权、知识"用 X_1、X_2、X_3 表示，三维潜势"情感、艺术和虚拟抽象"用 iQ_1、iQ_2、iQ_3 表示，则信息人六维信息势之间的作用机制可以表达为张量形式，即

$$\delta_{ij} = X_i iQ_j = \begin{Bmatrix} \delta_{11}i & \delta_{12} & \delta_{13} \\ \delta_{21} & \delta_{22} & \delta_{23} \\ \delta_{31} & \delta_{32} & \delta_{33} \end{Bmatrix} \quad i = 1,2,3; \quad j = 1,2,3 \tag{3.2}$$

式中，三维"显势"与三维"潜势"的正对称作用表达为主对角线上的分量，即

$\delta_{11} = X_1 \times iQ_1$ 表达货币信息势与情感信息势的作用机制，其管理学和教育学意义是"情感把握货币（不然可能认钱不认人）、货币激励情感"。

$\delta_{22} = X_2 \times iQ_2$ 表达权力信息势与艺术信息势的作用机制，其管理学和教育学意义是"艺术实现权力（管理技巧形成执行力），权力激励艺术（权力越大越讲究管理艺术）"。

$\delta_{33} = X_3 \times iQ_3$ 表达知识信息势与抽象虚拟信息势的作用机制，其管理学和教育学意义是"抽象提升知识，知识孕育抽象"。

而"显势"与"潜势"的整体作用机制是："显势靠潜势来驾驭，潜势靠显势来激励。"潜势与显势的互动作用形成"知识创造的螺旋"[5]，推动着个人和组织的成长。

其余张量分量 δ_{ij} 则表达信息人各个向度在教育和管理过程中各种可能的相互作用。势科学理论的重要任务之一，就是结合信息人的时代特征详细刻画每一个张量分量所表达的教育学和管理学意义。也就是解读出 δ_{ij} 中所包含的所有教育学和管理学信息。例如，不仅货币激励情感，权力和知识都是激励情感的重要要素；不仅抽象提升知识，情感追求和审美能力都是提升知识的核心要素，即真正在逻辑层面上求解教育和管理过程的势函数。由此，教育和管理的复杂性及教育和管理过程的全部变量将囊括在一个简单的信息势的张量表达中，即

$$P = \sum \delta_{ij} \quad i = 1,2,3; \quad j = 1,2,3 \tag{3.3}$$

由此，势科学理论将为现代教育学和管理学的复杂性研究奠定抽象而有力的张量研究的逻辑基础，为管理学、社会学和教育学研究的逻辑化科学化开辟有效路径。

参 考 文 献

[1] 恩格斯. 自然辩证法. 中共中央马克思、恩格斯、列宁、斯大林著作编译局译. 北京：人民出版社，1971：218

[2] 朱小曼. 情感教育论纲（第二版）. 北京：人民出版社，2008：8，9

[3] 徐飞，高隆昌. 二象对偶空间与管理学二象论——管理科学基础探索. 北京：科学出版社，2005

[4] 高隆昌，李伟. 管理二象对偶论初探. 管理学报，2009，6（6）：718～721

[5] 竹内弘高，野中郁次郎. 知识创造的螺旋——知识管理理论与案例研究. 李萌译. 北京：知识产权出版社，2006：1～48

第四章　信息人社会的现代生存机制

第一节　信息人的生存机制

毫无疑问，教育的终极目标是推动成长和发展，但也毋庸置疑，在信息人面对的不确定性时代，教育的首要目标是应对生存。由此就需要首先研究信息人社会的生存机制。

一、信息人的代谢能力——年轻的标志

生存是一个动态过程，因而是一个代谢过程，一旦停止代谢，生存就告终止。生物人靠代谢食物生存，信息人靠代谢信息生存。代谢能力越好，生存能力就越强，生命就显得越年轻。

人们总是不能理解为什么现时代婚姻的年龄界限越来越模糊，老夫少妻、大女小男的家庭越来越多，进而总是把"姑娘找老头"看做是社会道德失落，青年人思想腐败的象征。但是如果我们设身处地地想一想，一个姑娘要是真的不喜欢一个老头，她怎样能伴其终身呢？

其实，作为生物人和信息人，由于代谢的营养发生了本质的变化，因而"年龄"标准和"审美"标准也发生了根本性改变。通常的年龄是生物年龄，是人作为生物的年龄，以生物人的自然生长期为标准。信息人的年龄以占有的信息量和信息位以及创造信息和代谢信息的能力为标准，占有的信息量越大、信息位越高、创造信息和代谢信息的能力越强，就越年轻。所以，有钱、有权、有知识、有情感、有艺术追求、有抽象虚拟、有构建愿景的远大抱负及精神饱满、思维敏捷，就显得年轻；无钱、无权、无知识、无情感、艺术干瘪、精神颓废、思维迟钝，就显得苍老。正因为如此，许多没钱、没权、不求上进、反应迟钝、不会体贴（情感信息匮乏）的年轻人受到了冷落。换句话说，生物人年轻的标志是处

理食物或代谢食物的功能或能力，所以年轻人什么都敢吃，吃什么都消化；信息人年轻的标志是处理信息或代谢信息的功能或能力，所以能够敏锐地识别信息、选择信息、加工信息、消化信息，创造信息就年轻。无论是一心为民的政府官员、高度社会责任感的企业家、以诚信为本的大商人，还是科学家、艺术家，无一不表现出他们选择信息、加工信息、代谢信息和创造信息的超常能力，因而生命才显得年轻，由此才营造了信息人社会"老夫少妻，大女小男"的社会现实。

生物年龄掌握在上帝手中，人类无能为力；信息年龄掌握在信息人手中，创新可以减缓信息时间，延长信息人寿命。

二、信息人的内在对称——美丽的象征

生物人的美纯粹以自然选择的优化为标准，所以单纯的漂亮就是美，往往以外在美为审美判断的价值准则；信息人的美以选择、把握和创造信息的优势为美，所以赚钱、掌权，学习、体贴，丰富的思维创新，鲜明的独立个性才是美，更加强调内在的素质、修养和能力。这也是以上所述婚姻年龄界限模糊的另一原因。

美的核心是客观的对称性构造和主观的对称性追求。在"短缺经济"时代，普遍存在的是物质和食物供需的不对称，大多数人处于半饥饿状态，所以古代人以胖和丰满为美，因为胖意味着物质和食物的充足和供需的对称，体现了生物人时代人类审美价值观追求的目标特点，胖表达着生物人与时代的对称性。在物质丰富甚至过剩的信息人时代，物质的供需达到了普遍的对称以后，产生了信息的不对称，审美价值观从追求物质对称发展到了追求信息对称，信息人时代以瘦和苗条为美，体现了信息人时代的特征，瘦和苗条标志着信息的提纯和压缩，以及生活的节制、工作的辛劳和思想、精神的上进性，瘦表达着自律、独立、积极、向上，表达着信息人与时代的对称性。相反，胖则可能让人感到无所用心、好吃懒做、不求上进，与时代不对称。所以，现代人如此忌讳肥胖，不光是因为胖了外表不美，更重要的是胖可能引起人们联想到内在的某些事情。

过去歌颂女人时说：她整天不用干活，胖而丰满，有福气。

现在歌颂女人时说：她有独立的工作，瘦而苗条，有气质。

三、信息人的快乐机制——信息的代谢

信息人的快乐机制是信息代谢，正像生物人的快乐是食物代谢一样。信息代

谢包括信息生产和信息消费，这就与传统社会人的快乐形成鲜明的对比。在传统物质社会中，只有物质消费才是快乐的，而物质生产是劳苦的，所以从事的物质生产时间越长、生产强度越大，感受的苦难就越多。但在信息人社会，不但信息消费是快乐的，信息生产同样是快乐的，所以从事的信息生产时间越长，生产的信息量越多，就越快乐。

信息消费的快乐不言而喻，买东西是快乐的，花钱是快乐的，看演出是快乐的，旅游是快乐的，等等。意想不到的是信息生产比信息消费更快乐，演员比观众更快乐，赚钱比消费更快乐，看着账户中的数字不断增加，快乐油然而生。不然我们就无法理解那些几辈子都花不完存款利息零头的大商人、大企业家如此不遗余力地拼命工作，那些创业家不甘寂寞地总想从头再来，那些 IT 从业者工作起来就不吃不睡，那些真正的科技工作者几乎没有业余时间，那些真正的艺术家更是沉浸在艺术的创作快乐中而置穷困潦倒于不顾。就人们日常的打扮而言，打扮似乎是给别人看的，然而打扮以后首先快乐的却是打扮者自己。信息人社会如果有许多不尽如人意的方面的话，那么一个最尽如人意的方面就是快乐工作。创造的越多、给社会的贡献越大、服务于他人的越多就越快乐。因此，一个信息人如果感到工作是负担而不快乐，那将是最大的遗憾。

信息人社会，生产比消费更快乐的现实，也许有一句俗语给出了完美的表达："赚钱"是老板的感觉，"花钱"是跑腿买东西的感觉。

四、信息人的生存危机——自杀

生物人的生存危机是"他杀"。天灾人祸，各种各样的传染病以及饥寒交迫是导致生物人死亡的主要原因，这是客观的原因、环境的原因，因而称其为"他杀"。

信息人的生存危机是"自杀"。人类进化的智慧促使人类寿命的增长和出生成活率的增长，因而带来的人口持续膨胀威胁着人类的整体生存。现代社会所谓的各种各样"吃出来的病"——高血脂、糖尿病、脂肪肝、胆结石、肥胖症——导致的死亡，黄、赌、毒导致的死亡，腐化堕落等导致的死亡，心理障碍导致的死亡，等等都是实实在在的慢性自杀。更加突出的是各种各样直接的自杀方式呈现的自杀率不断增长。2004 年 10 月 11 日中央电视台报道，中国每年自杀死亡 25 万人，名列各种死亡率的首位。2004 年 9 月 9 日中央电视台《今日说法》报道，陕西某县邝吉娜等四名四年级女孩集体服毒自杀，而且自杀原因简单得让人难以想象：抢救过来的一个小孩说父母给妹妹买东西没给她买，另一个小孩说父母对哥哥比对她好，这些在过去看来都是"理所当然"的事，现在却成了小孩自杀的原因；北京大学胡佩诚教授在《百家讲坛》作"情绪与心理健康"报告时指出，某校某个大学生自杀是因为有三个女朋友等。越来越多的、在传统时代看来是非常平常的事导致的众多自杀事件，预示着信息人的生存危机将是自杀。

有人可能认为，随着医疗和克隆技术的发展，人类可以随时更换器官，所以信息人可以想活多长就活多长。但由于费用支付的问题和更换器官带来的痛苦以及生活质量的下降，总有一天他要自己决定自己不再活了——自杀。当然，从更抽象的意义上讲，信息人如果决定自己不再学习，不再工作，不再创新，不再追求，不再计较情感得失，什么都不向往，什么都不期盼，只是为了吃饭而活着，那在信息人意义上讲就已经自杀了。

这样的理论视角并不是耸人听闻，而是对信息社会的预警，提醒人们应该时刻警惕自杀的心理隐患。仔细考察现时活着的人，莫名其妙地产生"想死"念头的不乏其人。而且越是具有内在意识和内在生活的"信息人"，自杀率就越高。据《华商报》报道，某科研单位一个月内有三个科研人员自杀。而高官的自杀，艺术家、文学家、大老板的自杀比率均高于普通人。张国荣的自杀人人皆知，韦唯在2004年10月20日中央电视台的《艺术人生》栏目中叙说，她一个晚上有过七次轻生的念头。据报道，托尔斯泰是在准备自杀的边缘上写出了不朽的著作。而普通老百姓或生活在社会底层的人还保持着某些朴实的生物性特质，所以自杀率较低。

信息人自杀不断增加的趋势，已经成为一个毋庸置疑的现实。2008年4月12日《华商报》B10版，以"自杀人数超过他杀"为题报道了全球有关自杀的社会现实，并举了一个案例说明信息人自杀的不可抗拒的内在机制："陈云清先生是我国第一个防治自杀机构的组织者和负责人，曾经写过《珍惜生命——论中国的自杀问题》一书，并发誓要珍惜宝贵的生命，用一切办法劝阻别人自杀，然而他竟然也在几年前悬梁自尽。"

任何社会，人类努力的目标总是为了使人活得更好更长寿，因而在生物人时代，人类努力发展自然科学以解决物质不对称，使物质营养丰富并抗衡了各种自然灾害、疾病，解决了人类的"他杀"问题，延长了人类的寿命；在信息人时代，从本质上看，信息不对称是造成各种心理障碍和信息人自杀的根本原因，因而只有大力发展社会科学，才能削减信息不对称，解决信息人的心理障碍和自杀问题，使信息人活得更好更长寿。

五、信息人的生存机制——理性的自律

生物人的基本生存机制是"自强"。在物质匮乏的年代，人类必须战胜自然才能获得食物，必须搞清楚物质的作用机理才能生产出好的产品，必须研究出抗生素才能抑制疾病。所以，生物人时代是人类自强的时代，生物人必须战胜自然才能生存。自然科学的发展使人类走上了真正自强的道路。

信息人的基本生存机制是"自律"。在物质丰富甚至过剩的时代，人类的各种欲望膨胀，吃的欲望、喝的欲望、吸的欲望、赌的欲望、性的欲望、占有的欲望、享受的欲望、逞能的欲望等。如前所述，这些欲望的无止境膨胀导致了种种慢性自杀，而这些欲望期盼的挫折以及各种矛盾冲突引起的焦虑则导致了各种直接的自杀。所以，信息人的基本生存机制是"自律"：信息人必须知足、克制、战胜自己才能生存。正像自然科学解决了生物人的"自强"问题一样，只有发展人文社会科学才能解决信息人的"自律"问题。这就是为什么信息化时代人文社会科学在发达国家得到了蓬勃的发展。

六、信息人自增强机制——信息非理性

信息自增强机制：有钱的想更有钱，所以商人就唯利是图；有权的想更有权，所以当官的或者积极上进，或者就阿谀奉承，行贿受贿；有知识的更加追求知识，所以学者就"两耳不闻窗外事，一心只读圣贤书"；有情感的人更加追求情感，所以母亲就只关心儿女的温暖，甚至袒护和娇惯；艺术信息人更加追求艺术，所以艺术家就不怕孤独，甚至疯疯癫癫；虚拟信息人更加追求直接（虚幻）的感受，所以就痴迷网络而逃避现实。

由于存在信息自增强机制，所以六维信息在各自的方向上不断地进行信息正反馈，从而强化该方向上的信息意识，以致导致各种信息非理性认识：

货币信息的反馈使货币信息人执意追求货币，认为钱是万能的，一切价值判断以钱为标准，因而导致货币信息非理性，"认钱不认人"，在常人看来产生了

"金钱傻瓜"。

权力信息的反馈使权力信息人认为权力是第一位的，更加追求权力，不但一切以能否升职为价值判断的标准，而且在现有职权范围实行霸权，腐败堕落，导致权力信息非理性，在常人看来产生了"权力傻瓜"。

知识信息的反馈使知识信息人一生追求知识，在自我意识中对知识追求的程度不断强化，以寻求和创设某种观点、概念和定律为生活的一切。特别是像那些追求证明"哥德巴赫猜想"的众多业余数学家（信息化时代这种人越来越多），甚至搞得倾家荡产，导致知识信息非理性，在常人看来产生了"知识傻瓜"。

情感信息的反馈使情感信息人更加重视情感，在自我意识中不断强化情感在生活中的重要性，以致许多是非被情感所迷糊，对亲人、爱人倍加袒护，对儿女娇生惯养，结果害其终生，导致情感信息非理性，从常人看来产生了"情感傻瓜"。

艺术信息的反馈使艺术信息人在自我意识中，不断强化对于艺术的追求，以至于置穷困潦倒而不顾，导致艺术信息非理性，在常人看来产生了"艺术傻瓜"。

虚拟信息的反馈使虚拟信息人在自我意识中不断强化对虚拟空间的感受，以致完全沉迷网络游戏而不能自拔，导致虚拟信息非理性，在常人看来产生了"虚拟傻瓜"。

正如人类的进化史凝缩在人类从胚胎到出生的整个过程中一样，信息人的嬗变史也凝缩在人类从小孩到老人的整个成长过程中。在孩提时代以代谢食物营养为主，在老年时代则以代谢信息营养为主。小孩只知道吃，拿什么都往嘴里放，老年人的食物需求则越来越少，而信息需求却越来越大，特别是情感信息的依赖成为老年人的突出特征。

在人类从物质人到信息人的嬗变过程中，信息化催生的新经济机制是根本的推动力。

第二节　信息人的确定性

按照申农的观点，信息是消除不确定性的；或者按照邬焜教授的阐述，信息是消除了的不确定性[1]。所以，占有的信息量越多，确定性就越好。毋庸置疑：钱越多确定性越好，"有钱能使鬼推磨"说的就是确定性；权力越大确定性越好，像人们说的可以"呼风唤雨"，甚至可以"为所欲为"，当官的和有钱人似乎没有办不到的事；知识越多确定性也越好，特别在工程应用领域是如此，有关某项工程的知识越多越全面，该项工程实现的把握就越大；占有的情感信息越多，就有更多的人帮助你，你的社会资本就越大，做事成功的可能性也就越大；携带的艺术信息越多，做事成功的可能性也越大，在其他条件相同的情况下，潇洒小伙子和漂亮姑娘做事成功的可能性更大，难怪越来越多的企业在人员的选择上不但要求能力标准，而且提出相貌标准和形体标准。同样，具有各种艺术才华的人做事成功的可能性更大，具有交往艺术的人成功的可能性更大。在管理中，讲究管理方法与管理艺术性的管理成功的可能性更大；在信息全球化的时代背景下，具备的跨越物理空间的虚拟抽象能力越大——虚拟抽象信息量越大，就能在更大程度上利用全球的信息资源，成功的可能性就更大。

随着物质生活资料的积累和私有财产的出现，人类从"感性"嬗变到"理性"，经济学的理性经济人假设主导了社会学、经济学和管理学对人的基本描述。形成的基本社会认同是：理性人是追求"经济"的人，基本的价值目标是实用性和确定性，因而"钱"是实用的、具有确定性的，"权"是实用的、具有确定性的，"知识"是实用的、具有确定性的等，都成为理性经济人实现价值的中心追求。然而，人类对于确定性的追求，却从根本上催生了不确定性，导致了信息人社会更深层次上的浮躁。

信息在消除了许多不确定性的同时，却产生了更多的不确定性。

第三节　信息人的不确定性

一、货币信息人的不确定性

首先，货币信息人的不确定性来自货币本身的不确定性。货币信息越来越真假难辨：在物物交换的原始社会，如一只鸡换一只兔子，你不可能去制造一只假鸡或假兔子；在以金银为等价物的年代，你也很难仿冒金子和银子；当以纸币作为货币的时候，纸币的可仿冒性就大大增加，因而货币的确定性受到了挑战，制造假币成了新的犯罪形式；而当银行卡在全球流行的时候，货币完全成了一种数字，数字的仿制是相同的，你无法识别一个真数字和假数字，防止信息犯罪成了全球的新课题，货币信息本身的不确定性日趋严重。

其次，货币信息人的不确定性来自现代商品市场货币投资的不确定性。在传统的农业和工业社会，社会整体信息对称，意识趋同，消费一致，因而商品市场具有基本的确定性。只要有商业资本的投入，利润的风险很小。在信息化社会，由于全球化导致的个性化，人们的信息不对称，意识多元化，消费多样化。这就使商品市场的不确定性大大增加，在一些商业资本大量赚钱的同时，一些商业资本却在大量赔钱，市场的随机性越来越大。

最后，货币信息人的不确定性还来自企业货币投资的不确定性。在信息基本对称的工农业社会，由于技术的稳定和生活的趋同，传统商品的利润一般以质量而论只有大和小的区别。例如，一个餐桌上用的瓷碟，质量好的卖得贵一点，质量差的卖得便宜一点，大家都有利润，因而企业投资的风险很小。但在信息化时代，由于技术的加速革新和消费观念的日新月异，信息商品，如芯片和做成光碟的软件等，其利润只讲第一，不讲第二，要不收益丰厚，要不血本无归，所以投资成了风险投资，使货币信息人的不确定性大大增加。

二、权力信息人的不确定性

首先，权力信息人的不确定性来自权力自身的不稳定性。在传统社会，一方面由于传统工业社会的整体对称性，公众意识的趋同使权力具备权威意义上的统一基础；另一方面，社会的整体对称也使社会基本具备对于优秀人才的可选择性机制，保证了走上权力岗位的人的先进性；还有社会的整体对称性在一定程度上抑制了社会腐败，客观的权力环境使权力信息人在一定程度上保持着廉洁，并且在一定程度上保障着在位的权力信息人免受来自权力选择的机会主义冲击。以上几个方面决定了传统社会权力的稳定性，所以我们看到，过去的许多老革命干部一辈子做官。

而在信息化社会，人的个性化，意识的多元化，信息的不对称，首先使权力的权威性基础大大削弱；而信息的不对称导致了"社会可观测量"的不对称，产生了社会的量子化，使社会在一定程度上失去了对于优秀人才的完全性选择机制，致使处在权力信息位上的人本来就可能不是最优秀的；此外，也正因为优秀人才的完全性选择机制的丧失，就使干部选择的主观人为性增加，从而滋生了腐败。一方面使在位的权力信息人常常因为腐败丧失权力，另一方面又使在位的权力信息人常常受到由于腐败而产生的权力选择中的机会主义的冲击。权力的异化在更深层次上导致了权力信息人的不确定性。

其次，权力信息人的不确定性还来自信息化社会经营管理的不确定性。在传统的大工业社会，由于技术的长期稳定和大工业的整体对称性，管理是整体对称性的管理，即一种格式化的管理，规划、计划、格式化的制度、纪律都在起着主导的管理作用。但在信息化社会，大工业的机器生产、物质生产越来越自动化，在许多领域几乎是见物不见人，格式化的对称性制度式管理被自动化所替代。因而管理的重心转移到了越来越多的服务生产和知识生产领域，这些生产领域的效率不是依赖于体力劳动的付出，更多地依赖于脑力劳动和人的心理状态，这就要求管理必须"深入人心"，管理从内容到方法的复杂化趋势使"管理的确定性"和"确定性管理"受到了严重的挑战。管理的失误随时都可能引起权力的丧失，权力信息人的不确定性由此而增加。

三、知识信息人的不确定性

知识是追求确定性的结果，然而知识越多确定性却越差。瑞典斯德哥尔摩皇家技术学院哲学教授斯万·欧维·汉森指出："科学能够给我们提供新的知识。令人遗憾的是这些新知识又产生出更多的不确定性。科学解答了我们的一些问题，但又以越来越快的速度产生出新的未解答的问题。"[2]据报道，牛顿研究神学的手稿比他研究科学的手稿还多，事实上许多大科学家的最后研究穿插在科学与宗教之间。

李政道关于压杆的对称与不对称问题，提供了解释这种规律的一个很好的例子。考虑一个压杆，如果该杆是扁平杆，对称度是一维的，可能产生弯曲的方向也只有两个，即当我们对于压杆的知识（知识在本质上就是主观与客观的对称）只有一维的时候，压杆的不确定性弯曲方向也只有两个；如果我们将该杆修整为正四面体，则对称度增加到二维，可能的不对称方向则增加到四个，即当我们对于压杆的知识增加到二维的时候，压杆的不确定性弯曲方向就增加到四个；当将杆的截面做成正多边形时，则随着边数的不断增多，可能的不对称方向以二倍的比例增多，而同时正多边形也越来越接近于圆。对于一个圆形杆来说，它的对称度是无限维的，而它的不确定性弯曲方向则是无限维的二倍，即在一个层面上我们关于事物的知识越来越多的时候，这些知识所产生的不确定性问题会比这些知识带来的确定性更多；当我们在一个层面上完满地解决了某些问题的时候，同时在另一个层面上就引出了更多的问题。牛顿定律的理论形式只有 1 个，量子力学的理论形式有 3 个，到了弦理论的理论形式就有 5 个……而软件 6 个月就更新，硬件 18 个月就更新，在软件功能一代比一代更强大的同时，病毒的危害也一代比一代更厉害，过去的病毒破坏软件，现在的病毒连硬件都破坏。当我们在一个层面上堵住了漏洞的时候，则在另一个层面上留下了更多的漏洞。

知识信息人的不确定性，不但来自于知识导致的问题增加，而且来自知识本身的不确定性。在量子力学发展的当初，爱因斯坦就提出：上帝不会掷骰子。然而量子力学的发展不但证明了上帝也在掷骰子，而且掷的还是特殊的骰子——波函数的几率完全不同于一般的几率。如果量子力学从纵向微观上向牛顿力学和相对论力学的确定性理论提出了挑战，则混沌科学就从横向整体上否定着经典科学的确定性思想。

由此可见，知识信息人的不确定性是内在自生的，知识越多的人要面对的问题越多（当然"面对"说明了这种不确定还是可以叫做外在的）。因而真正有深度的知识分子，其内在的焦虑和惶恐是无法克服的。科学家往往在越来越深刻地探索到宇宙真谛的时候，同时却越来越多地崇尚宗教。

在信息人社会中，知识成了重要的资本，因而也叫做知识社会，而知识社会将所有人类拉在了同一起跑线上，这就是著名社会学家和管理学家德鲁克所说的"向上流动"。因为知识既不可继承又不可储存（储存不用就老化），这就为人人创造了成才的选择机会。以前，农民安排自己的孩子种地，工人安排自己的孩子做工，他们不认为是失败，而随着社会的发展，现在再安排他们种地或做工他们就可能不会接受，可能会产生烦恼这是因为他们知道本来自己存在于选择之中，存在于不确定性之中。所以，不确定性同样是一面双刃剑，既带来焦虑又促进奋斗。

四、情感信息人的不确定性

情感信息人的不确定性主要来自情感本身的不确定性。从根本上说，感性的不确定性是理性发展的必然结果。在传统的工农业社会，特别是在自然科学与社会科学还统一在自然哲学的年代，那是一个感性社会化年代，自给自足的生产方式决定着整个社会的大同模式，所以"海内存知己，天涯若比邻"。何况在人们情感能涉及的范围内，信息的整体对称和意识的趋同，为人们在交往中的情感稳定性奠定了基础。说人是感情动物，实际上动物都有感情，感情动物的定义是生物人和社会人的写照，正如所有的动物都具有情感一样，所有的动物也都具有社会生活。你家的小狗无论平时与你怎样好，当它遇到另一只小狗，就可能不再跟你玩了，因为它需要社会生活。在信息化带来的市场化竞争中，为了应对日趋强烈的竞争环境，感性的社会化变成了理性的社会化，人们交往除了情感的需要，更重要的是利益的驱动。由于利益的诱导，人类不得不理性地分析周围环境及其变量，从而避免感情的迷失和误导。所以情感稳定性的社会化基础的丧失是情感信息人不确定性的根源。在信息化社会，由于信息的不对称，人们明显地感到，无论是朋友之间还是夫妻之间，稍微的信息摩擦和情感涨落，都可能导致原有关系的大起大落，甚至土崩瓦解。离婚率不断上升的社会现实是情感信息人不确定性的真实写照。

五、艺术信息人的不确定性

艺术信息人的不确定性首先来自艺术本身的不确定性。艺术的生命力就在于它的不确定性，无论哪一种艺术，传达给人的艺术感觉必须是具有张力和活力的、动态的、显示出发展和成长信息的魅力，完全呆板的确定性感觉就难以称其为艺术。艺术家的创作状态往往是一种矛盾强烈冲突和心理失去平衡的情感追求和冲动的非平衡混沌态，这完全符合力学中的混沌态和世界万物的生长态。

其次，依靠与生俱来的艺术信息（天生丽质）度日的艺术信息人，必定是内在空虚的，前途和发展都具有更多的不确定性。

六、虚拟信息人的不确定性

除具有高度抽象和整体直觉能力的虚拟企业家，从事于虚拟经济的金融创新的金融才子们的不确定性已经被全球性的金融危机所证实，而沉迷于单纯虚拟信息生存的虚拟信息人的不确定性更是毋庸置疑。很显然，如果整天迷恋于网络和游戏，那么实在的生活和工作就具有更多的不确定性。所以，纯粹虚拟信息人的空虚和危机必将是与日俱增。

七、信息人的内在不确定性

发展科学是为了增强人类生产和生活以及生存的确定性，然而科学越发展，人类的内在确定性却越来越差。为了论证这种规律，必须从空间的自由度说起。

对于物质人和生物人来说，追求更大的物理生存空间和生物生存空间是理想所在，本质上是对自由的价值追求所在。各种各样物质的和生物的争斗与战争，无非为了争夺更大的物理生存空间和生物生存空间，即更大的居住地选择、更多的食物选择和更多的生物性性交对象的选择空间。具体说，生活在平面上比生活在直线上自由，生活在空间中比生活在平面中自由，生活在大房间比生活在小房间自由，可选择的食物越多越自由，可选择的性交对象越多越自由。

信息人不但生活在物理空间和生物空间，而且更重要的是生活在信息空间，信息人类的最高价值追求是信息自由度。仔细分析自由度的意义，发现自由度包括"自由尺度"和"自由维度"。在目前的六维信息空间中，占有的信息维数越多，如既有钱，又有权，又有知识等，自由维度就越多；在某一维度上，占有的信息量越大，自由尺度就越大。就是说，钱越多自由尺度就越大，权越大自由尺度就越大，知识越多自由尺度就越大等。占有的自由维度的个数越多、自由尺度的数值越大，综合信息量就越大，自由度就越大，内在的确定性就越差。为此，我们不得不详细论证确定性。

什么叫确定性，在多种选择中，有一种选择是最优选择，就具有确定性；各种选择都好和都不好，都是不确定。如果各种选择都是差的，就无法选择，是外在不确定；如果各种选择都是好的，同样难以选择，就导致内在不确定。从数学来说，方程无解和方程有无数解都叫无解，都是不确定，只有方程有唯一解的时候，才是确定的。与其说存在的都是合理的，不如说存在的都是有解的、可选择的，都是有确定性的。

一方面，科学的发展使知识信息增加的同时，促进了财富信息的增加，权力信息的强化（信息化导致物理空间萎缩的同时，强化了权力的控制），提升了情感信息的重要，增进了艺术信息的丰富，还创生了虚拟信息；另一方面，科学的发展更加促使信息人占有的信息多元（维）化，所以出现了更多的知识富翁、权力富翁、艺术富翁等。信息人占有信息的多元（维）化趋势，使信息人的多种同样好的选择越来越多，所以科学越发展，信息人类的内在确定性就越差。

对于信息人来说，一方面，占有的同一种信息越多，信息空间的尺度就越大，信息心理就越容易膨胀。据统计研究：许多人的收入增加一倍时，其消费欲望增加四倍（2005年5月1日晚中央电视台教育1台《职业生涯计划》），实际上我们也常常看到，一些足球富翁、艺术家富翁往往也是欠债最多的"负翁"：刘晓庆一度欠债人人皆知。另一方面，占有的信息维数越多，选择性就越多，确定性就越差。两种效应的集成就催生了信息人内在的浮躁、焦虑、惶恐和抑郁。

就信息人个体而言，"信息人程度"越高，往往内在确定性越差。通常，越有钱越浮躁，越有权越惶恐，越有知识越焦虑，越追求艺术越抑郁，越迷恋虚拟就越空虚。对于普通老百姓来说，没有那么大的自由尺度，也没有那么多可选择的自由维度，所以既具有踏实性，又具有确定性。

信息人及信息社会的不确定性是信息人自杀式死亡机制的主导因素。正如数学上不能容许自然界无解的系统存在一样，客观世界中也不能容许没有选择性，即确定性的事物存在。

由于自杀式死亡方式对于信息人的致命威胁，因而人们自然会提出这样的问题：一旦你受到了自杀的困惑，你就决定自己不要按信息人活了，退回到生物人不就安全了？要是果真能这样做，那当然是上策，但这是不可能的。因为自然进化的法则是不可逆的，在从物质人、生物人、社会人到信息人的方向上，同样存在着不可逆的自锁性：正像人类不可能退回到动物一样，信息人也无法退回到生物人。

信息人社会的不确定性也根植于社会与自然在本质上的区别。自然世界是不变的或者是变化极其缓慢的，人类今天不清楚的事明天继续研究，就可能弄清楚了。所以人类应对自然越来越具有确定性。而社会现实是人造的，即社会现实是信息人相互作用博弈的结果，人类有关自然和社会的知识越多，掌握的信息量就越大、人类就越聪明，而越聪明的人相互博弈的结果就产生更大的信息量、制造更复杂的社会现实。所以，对于每一个信息人来说，外界环境的信息量的增长速度将越来越大于信息人个体学习的速度，外界环境信息势将越来越大于人类个体具有的信息势。所以，人类面对越来越复杂的社会现实将变得越来越"无知"，越来越弱势，不确定性的持续增长将是信息化社会的必然趋势。

参 考 文 献

[1] 邬焜. 信息哲学——理论、体系、方法. 北京：商务印书馆，2005：3，42，43
[2] 斯万·欧维·汉森. 知识社会中的不确定性. 新华文摘，2003，(6)：160～163

第五章　信息人社会的信息作用机制

第一节　信息作用的时空特性

宇宙大爆炸使物质时空膨胀，产生了世界万物；信息大爆炸使信息时空凸现，产生了信息人类。研究宇宙演化和发展规律的自然科学建立在研究四种物质作用（强力、弱力、电磁力和引力作用）的基础之上；研究人类生存和发展规律的社会科学特别是教育学，要使自己成为真正具有内在逻辑的科学，必须研究信息作用。

爱因斯坦指出，物质时空是物质（元）存在的方式，没有物质及其运动，就无所谓物质时空。同样，信息时空是信息人存在的方式，没有信息人及其在社会中的运动，就无所谓信息时空。正如探讨物质时空成了自然科学的基础研究一样，探讨信息时空也将成为社会科学研究的基础。

物质人生活在物质空间，信息人生活在信息空间。在物质空间，只要有三个向量（三个参数）就可以描写整个空间。无论是物质实在空间的"长、宽、高"，还是生物人生存的物质依赖"吃、穿、住"，都可以用三个向量来表达。当然，如果将时间维加上，物质空间也可看做是由"长、宽、高、时间"组成的四维空间，而与之相对应的物质依赖则可描述为"吃、穿、住、行"四维空间。所以，物质空间是三维的或四维的。在信息空间，由于信息人生存的信息依赖必须有六个向量（六个参数）——货币、权力、知识、情感、艺术、虚拟（抽象）才能确切地描述，所以信息空间是六维的（当然，如果加上时间维也可以看做是七维的，但由于以后的研究基本上不涉及时间问题而着重于意识问题，所以信息人理论中，信息空间还是被看做六维的）。

一、物质时空的消隐和信息时空的凸现

对人类来说，时空的本质属性是"约束性"，即将"事件"或"事物"隔离

的属性。物质时空"约束"或隔离了自然事件或事物,使世界万物各就各位,而不至于使具有"物质群"结构的物质世界坍塌,从而也限制了物质人和生物人的接触和联系;信息时空则"约束"或隔离信息事件或信息事物,使信息人各就各位,而不至于使具有"社会群"结构的信息人类社会坍塌,同时也将限制信息人的接触和联系。

人类的文明发展史,是一部与时空抗争的历史,一部不断削减时空而努力走向接触和联系的历史:从自然经济条件下发展的"水网",到农业时代开始发展的"路网",再到工业时代发展的"电网"和信息化时代发展的"信息网",物质时空的约束属性不断被削减,人类一步步从彼此隔离的分散状态走向紧密的联系。特别是互联网的发展,使人类的交流不但克服了空间的隔阂,也突破了时间的屏障——无论对方是否在场及是否有时间,你总可以通过互联网与对方交流。不受物质时空的限制就是意味着你可以在任何地方、任何时间与任何人交流。所以从时空的"约束"属性来考察,对于信息人来说物质时空消隐了。然而在物质时空消隐的同时,出现了信息时空。物质时空消隐导致人类在物质时空中的联系加强,按照势的运行机制[1],差别促进联系,联系扩大差别,差别产生了种种信息不对称,信息不对称导致了信息时空。信息化推动的人类生存空间的这种现实改变,卢光明和杨树芳给出了类似的描述:"技术在把传统社会中原有的隔阂和障碍扫平的同时,又生产出新的障碍,通过技术把人类社会隔离起来……而自然的社会开放和隔离手段在这里都失去了效力。"[2]当信息全球化把世界变成地球村的时候,表面上看起来人们的交流更容易了,但实际上信息人的交流却更困难了——信息化产生的信息不对称使人们的差别越来越大,社会的分层越来越多,不在一个层次上的人很难有共同的语言;当全球化不断推进的时候,局域化也以同样的速度在深化;全球化把世界越来越紧密地捆绑成一个整体的同时,又把信息人越来越残酷地撕裂成个体;全球化把人类在物质时空中越来越拉近的同时,却把人类在信息时空中越来越推开;当人们感觉到物质距离越来越近的时候,却同时感觉到心理距离越来越远。高德胜指出:"人类学及相关学科的研究已经证明,人与人之间的交往与沟通在人的诞生和发展中起到了非常关键的作用,可以说交往需要已经在人类的发展过程中沉淀为人性的内在需要。但在电子媒介时代,人性的这种需要遇到了一种悖论式的危机。电子媒介一方面扩大了人类的交往面,使'天涯若比邻';另一方面又置我们于陌生人的世界里,使我们或者面对的只是'人的碎片'，彼此无法进行深度的思想和感情交往，或者通过电子媒介进行间接交往，无法感知对方的呼吸和脉动。机器和电子媒介扩大了人类的能力，却占据了家人、伙伴和朋友在我们身边的位置，'人与人之间感觉日见隔阂，彼此之间的沟通以空前的速度变得每况愈下'。在电子时代，人们感到前所未有的孤独和疏离，人性的深度需要无法得到满足。其表面上的后果是当代人的各种心理疾病的滋生，更深层的后果则是人性的变异，社会的冷漠。"[3]

这一切都是信息化带来的信息不对称的结果，是由于信息不对称产生了信息时空。举一个实际的例子，可以看看老百姓与县长的距离有多远：在旧社会，百姓有要事想见县官，可以到衙门去击鼓鸣钟，县官可以亲自为你做主审判；而在现时的信息化社会，百姓不但见不到县长，连法院的院长也难以见得，一般情况下，只有信访办一个职员可以进行接待。

信息场空间中如此多的信息等位面阻隔，使人们之间变得越来越难以相互理解：穷人无法理解富人为什么如此贪财，富人无法理解穷人为什么不加努力；平民无法理解当官的为什么如此霸道而缺少人情，当官的无法理解平民为什么如此不可教化而刁钻尖刻；体力劳动者不能理解脑力劳动者为什么清高傲慢，脑力劳动者不能理解体力劳动者为什么不学无术等。在物理空间中，接触不上就无法联系，各就各位，在物理空间中孤独；在信息空间中，不能理解就无法沟通，各守其意，在信息空间中孤独。

也许由于不相容原理，人类总要被某种时空"隔开"，不是物质时空就是信息时空，甚至"非典"也制造了一种生物时空。

所谓"海内存知己，天涯若比邻"，正是那个不存在信息时空的时代的真实写照。是因为"海内存知己"才有"天涯若比邻"。在传统社会，自给自足是基本的特征，到处是"平移不变性"，一派信息整体对称的景象，所以人们走到天涯都能找到知己。在信息化社会，普遍的信息不对称使信息时空凸显，同时信息不对称也导致信息不均匀，滋生了信息势，产生了信息力，信息空间弯曲（实际上空间弯曲与力是等价的，正像物质引力是物质空间弯曲的几何效应，信息力是信息空间弯曲的几何效应），"平移不变性"消失。信息化使人们感到在物理距离上近在咫尺，但在社会距离和心理距离上却相距千里而无法交流，因为不在同一个信息等位面，有了信息时空的约束。

广义的信息对称与不对称可以用信息场空间中的信息等位面定义。由于信息人是六维的，所以信息场空间是六维的，以各维信息向量的零点为焦点，以此焦点为球心在六维信息场空间中作大小不同的六维球，则每一个球面都是一个信息等位面，处在同一个信息等位面上的人是信息对称的，处在不同信息等位面上的人是信息不对称的。信息人之间的社会距离是信息等位面之间的距离。严格意义上讲，只有信息对称的，即处在同一个信息等位面上的、不存在社会信息距离的人之间才可以无拘束地交流。信息人在信息场空间中的运动是信息等位面之间的运动。

人们过去从事商业活动，需要克服的是物理时空，达到物理位置上的对称——只要能把具有丰富产地的货物，通过克服遥远路途的隔阂以及躲过野蛮民族和强盗的掠夺，运送到稀缺的地方，就能赚钱。信息化时代的商业活动，需要克服的是信息时空，达到信息位置上的对称——你只有进行充分的市场信息调研，通过正确的信息选择，使你经销的商品符合消费者的心理（信息）需要，才能赚钱。过去达到物理时空的对称需要消耗"功"（形象地说成是"马力"），克服物理摩擦（包括静摩擦与动摩擦）；今天达到信息时空的对称需要消耗"信息"（花钱进行市场调研和分析），克服信息摩擦（各种信息的相互干扰和摩擦）。例如，过去人们只要利用"马力"将中国的丝绸通过艰难险阻的遥远征程运送到西方，就能赚钱；当今运输如此便利的时代，赚钱的根本不在于运输问题，最重要的是对商品品种及质量和花色的选择。例如，经销服装，不在于服装的运输问题，一个电话就可得到送货或寄货信息。重要的是需要消耗"货币信息"对服装市场进行调研分析和选择：什么样的面料，什么样的款式以及什么样的品牌。你的服装符合了消费者的需求，就是因为你对商品信息的选择与消费者的心理需求信息对称了，克服了信息距离，这样就能赚钱。所以信息化时代的商业活动需要克服的是由于商业信息不对称导致的信息距离，而不是物理时空不对称产生的物理距离。也就是说，过去的商业活动的基础是物质时空的不对称的话，今天商业活动的基础就是信息时空的不对称。过去的商业活动以克服"看得见"的物理时空来赚钱的话，今天的商业活动就以克服"看不见"的信息时空来获利。所以信息化时代，商业活动的风险越来越大。正如经济学家说的，如果商业信息完全对称，今天的商业活动就失去了存在的基础。信息不对称除了为正常的商业活动提供了获取利润的机会，也为各种不正当的投机和骗术留下了牟取暴利的空间。物理信息不对称产生了物质，生物信息不对称产生了生命（宇宙天然存在的氨基酸都是左手型的），社会信息不对称产生了市场。

过去的生产活动，需要将占据物理空间的有形的"物质"，通过克服加工阻力，加工成需要的目的物，就能赚钱；信息化时代的生产活动，需要将不占据物理空间的无形的"信息"，通过克服加工（编制或组织）的困难，加工成（编制成或组织成）有用的程序软件（服务、品牌等本质上就是一种程序软件），才能赚钱。所以，工业化时代的"加工"是在物理空间中进行的，信息化时代的"加工"是在信息空间中进行的。大工业时代是由于物理时空的存在，为物质生产活动提供了场所；信息化时代是由于信息时空的凸显为信息生产活动提供了条件。品牌就是信息空间中"加工"的标志性产品，信息不对称的深化和信息时空的凸显不断提升着品牌的价值。

二、信息相空间中的信息等位面

为了从信息力学的层面阐明信息对称的本质意义，我们需要研究六维信息相空间（相空间的大致意思是，有几个项目参数，就可以构成几个维度的空间）中的信息等位面。为了方便，我们研究二维信息相空间。如图 5-1 所示，在由"钱"向量和"权"向量组成的二维信息相空间中，处在 a 点的是一个大官，处在 b 点的是一个大老板，处在 e 点的是一个小官，处在 f 点的是一个小老板。在现实社会中，为什么大官能和大老板坐在一起交流，小官只能和小老板坐在一起交流，是因为 a 点的大官和 b 点的大老板处在同一个信息等位面上，e 点的小官和 f 点的小老板也处在同一个信息等位面上，即他们在广义信息上是对称的；而在 f 点的小老板和在 e 点的小官既不能和处在 a 点的大官坐在一起，也不能和处在 b 点的大老板坐在一起，是由于它们不在同一个信息等位面，即他们在广义信息上是不对称的。但是，如果 e 点的小官同时是一个比较有钱的小老板，即他占有的货币信息与 f 点的小老板的货币信息相当，则他的二维"信息矢量和"就使他的信息位上升到 h 点，因而他就能和大官和大老板坐在一起，因为他们处在了同一个信息等位面，在广义信息上达到了对称。同样，如果 f 点的小老板同时具有 e 点小官的职位，他的信息位也就上升到 h 点，可以容易地和 a 点的大官和 b 点的大老板交流。

同样，我们可以利用图 5-2 在二维信息相空间中分析"权力信息"和"知识信息"的对称及其信息等位面，从而阐释"权力信息人"与"知识信息人"在信息相空间中的关系。在其他信息向量之间都可以做类似的等位面分析。

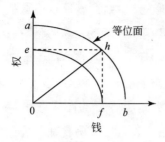

图 5-1　货币信息与权力信息等位面

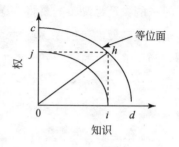

图 5-2　权力信息与知识信息等位面

在现实社会中，信息对称的交流，即在同一个信息等位面上毫无拘束地交流是一种理想的交流。促进社会发展的更重要而普遍的交流，即信息作用，是信息不对称的、不在同一个信息等位面上的交流。正如物质时空中，被物理距离约束的对象之间的交流要通过"做功"、支付交通费用才能达到一样；在信息时空中，不在同一个信息等位面上、信息不对称的、被社会距离约束的信息人之间的交流（管理学中叫做沟通）也要通过"做功"、支付"管理成本"才能达到。领导与职员交流要支付管理成本，普通人找当官的交流也要支付"信息成本"。信息社会中普遍存在的行贿受贿，是一种特殊的交流和沟通，而行贿受贿的数额越来越大，说明这种沟通的信息成本越来越高。行贿之所以能达到交流和沟通，就在于信息（货币和可折算为货币的商品）的支付，暂时提高了行贿人的信息位，使他与自己的目标对象达到了信息对称。

在信息空间中，不同信息等位面上的交流（克服信息距离），需要低信息位置上的信息人支付"信息成本"已成为一个不争的事实。由×××单位某年在北京举办的某次研讨会的邀请函中说道："组委会将于 7 月 21 日在钓鱼台国宾馆举行特别宴会，为部分代表提供与部分领导、报告专家面对面交流的机会，有意参加者……费用自理（2600 元/人）。"可见，在同一个会议上，在没有物理距离的情况下，克服普通代表和领导及报告专家之间存在的信息距离（提供一个交流的机会），需要支付 2600 元的信息费用。

利用信息场空间和信息等位面，可以进一步探讨社会分层等有关理论，如分析现代社会分层理论中有关"地位相悖"的困惑。地位相悖是指有些富人的"富"的地位与他的文化素质地位不一致，所以叫做地位相悖。如果利用信息等位面分析，则我们可以清楚地看到：两个同样有钱的人，由于他们的知识信息向量、情感信息向量、艺术信息向量等不一样，所以在信息场空间中，他们根本就不在同一个信息等位面，因而就不可能在同一个层次上。所以，在以信息场空间为基础的信息力学中，就自然消除了"地位相悖"的困惑，又一次证实了信息人理论的科学性价值。

第二节 信息作用的力学规律

时下，一个网络流行词"给力"受到了社会各界的热捧，詹万承撰写的文章："给力"的头版头条引人深思①，介绍了网络热词"给力"登上《人民日报》头版头条的情况：2010 年 11 月 10 日《人民日报》头版头条为"江苏给力'文化强省'"。文章介绍了江苏从"文化大省"向"文化强省"的华丽转变，并用引题的方式总结了三条经验：改革攻坚迸发活力、政策创新激发活力和厚积薄发释放能力。可见文章内容也以三个"力"字解释了文章标题中所说的"给力"的"力"的内涵。"改革攻坚、政策创新、厚积薄发"显然是一个信息作用的问题，怎么就成为一个"力"的问题呢？信息是否一定与"力"有关？

"给力"一词，原本属于网络语言，最早出现于日本搞笑动漫《西游记：旅程的终点》的中文配音版，意思是很有帮助、很有作用，带劲，牛。直觉上也的确与我们日常感觉的"力"有一定关系。2010 年 12 月 31 日中央 2 套早上《读报》栏目用十几分的时间梳理了各种有关"给力"的人和事。而当日 2 套的《环球经济连线》栏目，又用"给力指数"梳理了包括"莫斯科女间谍"、"维基揭秘"等世界范围有影响力的人和事。

一、信息势与信息力

在某些场合，俗语常常将"势"与"力"合称为"势力"，来形容某人或某组织对于市场和环境的影响和控制能力。但实际上"势"与"力"是不一样的，有力的时候必有势，有势的时候却不一定有力。

恩格斯指出：相互作用是世界万物的真正的终极的原因。而迄今为止，在任何一种能成为科学的学科领域中，其相互作用都是用力来表达的，所以"力"

---

① http://www.sina.com.cn.2010 年 11 月 10 日．荆楚网

已是自然科学的一个核心概念。自然科学之所以能迅速发展，就在于自然科学研究了四种力，即强力、弱力、电磁力和引力，从而在根本上揭示了物质作用的内在规律，使以此为基础的各种学科得到了蓬勃发展。而社会科学之所以停留在描述和想象阶段，也在于社会科学没有逻辑的定义和研究人们之间的信息作用力。这当然有其历史的原因。

在自给自足的传统社会，信息稀薄、信息相互作用不能凸显，因而社会科学不可能也没必要研究信息相互作用。传统教育是传承的，传统管理是经验的，社会结构是简单的，人以及组织的成长和社会的运行是平衡的线性的。十年树木，百年树人是教育的经典，学什么，用什么，用一辈子；干一行，爱一行，专一辈子。做一颗"永不生锈的螺丝钉"既是教育和管理对人的终极教诲，又是社会倡导的文化时尚。所以应用描述和想象的手段已足以应付当时的社会现实。

但随着社会信息化的不断推进，社会分工细化，商品交换频繁，信息作用日益强化，多因素、大势差的信息作用使教育、管理乃至整个社会结构的运行成为一个复杂大系统。人的成长、组织的发展、社会的运行呈现出一派非平衡相变和非线性分岔的景象，令人惊叹不已的就是小孩的"集约性"成长和组织的"跨越式"发展。本来知识爆炸使学生需要学习的东西越来越多，然而学生成长的速度却越来越快，十来岁的小孩考上大学已不是什么新鲜事，大学生还没有毕业就超过老师的比比皆是，十几岁小孩有关计算机及网络的知识可以给专家上课，少年文学家的市场占有率已超过了所有名家作品的总和；在企业方面，店铺的迅速改换门面，公司的频繁兼并易主，一些企业组织迅速倒闭的同时一些企业组织却异军突起、跨越式发展。过去管理强调的"积淀"和"经验"，却往往导致"积淀越深负担越重，经验越多误导越大"。在企业的竞争中，"以小博大，以柔克刚，以弱胜强，甚至无中生有"成了博弈的常态；而在思想意识层面，焦虑、惶恐及抑郁正在挑战着信息人的基本生存状态。所有这些信息化催生的非线性非平衡机制都使得社会科学特别是管理学、教育学必须真正地研究信息相互作用，才能从根本上揭示教育及管理的内在规律，也从而才有希望使自己成为真正的科学。由此，研究信息力刻不容缓。

由于只有"力"才能真正表达作用的逻辑机制，所以以往处于描述性和想象的教育学和管理学也在不少场合使用了力的概念，诸如"学习力"、"领导力"、"执行力"、"竞争力"以及"环境压力"、"生活压力"、"工作压力"、"社会压力"，还有"创新能力"、"抽象能力"、"工作能力"、"交往能力"，等等。在此，相对于自然科学中"物质力"的概念，将以上所有力统称为"社会力"。但当你仔细关注这些"社会力"的时候，特别是当你面对某课题组提出的"感召力、前瞻力、影响力、决断力和控制力"以及"公信力、智谋力、亲和力、协同力、变革力"[4]的时候，难道不会感到很奇怪吗？究竟什么是社会科学中所说的"力"，连一个逻辑的定义都没有，就可以投入如此多的"人力"和"财力"（笔者此时这样应用"力"的概念也同样应该被嘲笑！）来描述和想象地用"力"来大做文章。当然，当整个社会科学领域的研究都是如此的时候，我们也就没必要去指责一个小小的课题组。

提升"文化软实力"是增强国家核心竞争力的一个重要方面，因而成为时尚的研究课题。但已有的种种研究，无论是"社会主义核心价值体系的建立"，还是"传统优秀文化的弘扬"，以及主张"利用现代传播技术加大传统文化的普及与推广和深化文化体制改革、大力发展文化产业"等，虽然具有一定的价值，但没有从根本上阐明提升文化软实力的逻辑机制。其根本原因，同样是由于社会科学研究中对什么是"力"以及什么是"实力"、什么是"软实力"等概念没有一个科学的阐述，因此没有在逻辑层次上理清信息化时代信息作用的基本规律。

最早明确提出"软实力"概念的是美国哈佛大学肯尼迪学院院长、国防部前助理部长约瑟夫·奈。他认为，一个国家的综合国力，既包括由经济、科技、军事实力等表现出来的"硬实力"，也包括以文化、意识形态吸引力体现出来的"软实力"，即通过精神和道德诉求，影响、诱惑或说服别人相信和同意某些行为准则、价值观念和制度安排[5]。2004年，黄牧怡在《唯实》上发表的"关于'软实力'的哲学思考"一文中认为："软实力是指能让他人做你想让他们做的事，强调与人们合作而不是强迫人们服从你的意志。"所有这些定义，宏观上指出了软实力的实际效果，但没有揭示软实力的形成机制。

实际上，要逻辑地阐述社会科学研究中提出的以上种种"社会力"的概念及"软实力"的内涵，必须更加广义地探讨"力"的内涵。所谓"力"就是主体能够使客体按照自己的意愿行动的一种作用。所谓"实力"则是一种实实在在地能够使受作用的对象行动的力。"软实力"一般是相对"硬实力"而言，就实力的软硬来讲，应该分为三个层次：最硬的称为"刚性力"，一般而言就是指事物之间以暴力工具为武器以营造某种势力范围和制造与维护某些"边界"为目标的打击、碰撞及折断撕裂和以"暴力"为基础的"权力"起作用的力（权力的背后是暴力），这是一种不以受作者的意志而转移的"强制力"；刚柔兼并的为"实力"，一般而言指的是以经济为基础的实力，也就是人们常常说的"经济实力"。经济产生的作用看起来是软的，实际上又是硬的，因为"发展才是硬道理"；最具柔性而又能产生推动作用的就是我们所说的文化产生的"力"，即"文化软实力"。

在实证科学中，力是推动物质状态或运动变化的原因。在文化视域中，文化信息是改变人们生活习惯和行为方式的原因。种种"社会力"及"文化软实力"概念的提出，旨在从实证科学到人文社会科学用一个统一的"力"阐述宇宙和人类社会运动的共同规律。这就必须在更加广泛、更加抽象的层次上彻底揭示"力"的本质，才能将物质力与信息力统一起来，将宇宙运动与社会运动统一起来，而这就需要在势科学理论基础上研究信息势与信息力的逻辑关系。实际上，改变状态或运动的根本原因，即产生力的必要条件是"势"。

二、信息势、信息力与信息力学

在物质世界，是由于物质作用产生了物质力；在信息人社会，是由于信息交流产生了信息力。在物质空间，有几个维度的作用就产生几个方向的力；在信息空间，有几种交流方式（几种作用方式）就可能产生几个向度的力。仔细考察信息人社会人们的基本交流方式（基本作用方式），无非就是前面所述的六维信息人的六个方面。第一，"钱"是基本的交流方式，普遍的市场经济关系就是将"钱"作为基本的交流方式建立起来的；第二，"权"是基本的交流方式，人们在社会中普遍的职位和地位关系就是将"权"或制度作为基本的交流方式建立的；第三，知识是基本的交流方式，在这种交流基础上，人们被分成了各种职业和专业，才有了现代的分工社会；第四，情感是基本的交流方式，在这种交流基础上，有了家庭和宗教以及现代管理和教育；第五，艺术是基本的交流方式，这种交流方式跨越了语言的障碍，人们可能听不懂对方的语言，但可以欣赏共同的音乐、舞蹈和绘画，艺术将全人类真正地联系起来；第六，虚拟抽象是基本的交流方式，众所周知的网络世界正是建立在这种交流方式之上的。

研究信息力学，首先要阐明作为基本的交流方式的信息是不是力，其次要分析信息在什么场合下产生力。

我国哲学家黎鸣指出："力其实就是信息。"[6]，这个定义显然有待商榷。

从牛顿定律可知：$F = ma = m\mathrm{d}v/\mathrm{d}t$，式中，$m$ 为物体的质量；$\mathrm{d}v/\mathrm{d}t$ 是加速度，即速度对时间的导数。从势科学理论[7]我们知道，势 = 差别 ÷ 距离 = 差别 × 联系（距离与联系成反比），因而势是一种梯度。一方面，梯度是一种有序，有序是负熵，即信息（科学的范畴中而不是哲学的范畴中）；另一方面，梯度是一种斜率，即导数，所以信息在功能意义上是一种导数，即一种势，而不是力。常言说"势力"，其实有力必有势，但有势不一定有力。势或信息要成为力，还需要一种阻尼，即一种对该信息的黏性。例如，人们常说"有钱有势"，但并不一定"有钱有力"。钱是一种信息，钱要对某一对象产生力，该对象必须对钱有黏性，产生阻尼。想象一个完全不爱钱的人，他对钱是完全"光滑的"，没有黏性，不产生阻尼，钱就无法对他发生作用，就不产生力。同样人们也说"有权有势"，但也不一定"有权有力"。权是一种信息的占有量（官越大，汇报的人越多），但权再大，遇到不属该权力管的人，对该权力不产生黏性，没有阻尼，该权力就无法对他发生作用，因而就不产生力。实际上，对于任何一种信息，必须有一种对于该信息的黏性或阻尼存在，该信息才能产生力。就是说：

$$信息力 = 信息阻尼（情感黏性）× 信息（势）$$

在现实世界中，实际上对钱完全光滑而没有黏性的人——绝对不爱钱的人是难以找到的，所以俗语说"有钱能使鬼推磨"，可见钱产生的作用力是普遍的；而对于权力，只要权力足够大，即使这种权力管不上你，也会通过管你的权力而作用到你，所以对于足够大的权力，可能人人都有黏性，对每个人都有作用力；对于知识信息而言，有说服力的理论人人喜欢，而能指导你成功的知识更是求之不得。所以，人们对信息的黏性是普遍的，信息力像物质力一样是普遍的。

有关"黏性"一词，也是经济学的常用术语，其意义与我们这里的意义一致。例如，职业证券投资人、吉林大学理论经济学博士后丁志国在《大道至简》一书中，谈到人们对于某类商品的依赖性时指出："袜子显然是价格黏性商品，也就是说不管价格高还是低，人们都必须消费的商品。"[8]对于信息人来说，信息就是黏性商品，不管价格高低，必须消费。只不过价格高的时候可以少消费，价格低的时候可以多消费。

由于信息与势在功能上（科学的范畴中）的等价性，当我们说信息的时候，指的就是一种势。或者，我们更一般地将"信息"、"势"、"信息势"、"信息梯度"等看做同一指称，对信息没有黏性就是对势没有黏性，也就是对一种梯度没有黏性。在信息人的现实生活中，由于社会信息等位面的分层，人们总是生活在一个信息梯度的世界中。简单说，就好比生活在一个信息斜面上，人们靠对斜面的黏性，通过自己的努力而攀升到社会的不同层次（不同的信息等位面）。对信息梯度没有黏性，即对一个信息斜面没有黏性，你就会永远落在斜面的底部而无法提升自己的生活层次。所以，在信息人社会，不参与作用，不受力你可能轻松，但导致的结果是无法提升生活的品位和质量。

回到詹万承撰写的文章："给力"的头版头条引人深思①，他指出："之所以出现此等热捧的景象，恐怕首要的原因还是在于，给力一词的网络属性与《人民日报》严谨平实的风格之间产生了强烈的反差。换而言之，假若给力一词是出现在都市报或者晚报，标题本身自然不足以引起人们的关注，因为，其风格定位原本就是紧跟网络的，可主体换成了《人民日报》，并且是头版头条，给人的感觉自然就不同的。毕竟，在一般人心目中，《人民日报》是代表党和国家的一张面孔，必然表现的刻板严肃，容不得丝毫的灵动娱乐。""领导干部常强调必须亲民爱民，要与人民群众打成一片，自然要用人民群众的方式说人民群众说的话，只有沟通上不存在障碍，才能合理有效地传播表达亲民的思想。反观一份报纸，自然也是如此。涵盖全国各个城镇乡村的《人民日报》，其读者范围之广人数之多，是其他报纸所无法比拟的，正因为读者阶层跨越大，调整语言风格和表达方式，对传播的有效度就尤为重要，只有用人民喜闻乐见的方式来表达，人民群众才会真心诚意的阅读。"可见，人民日报将自己与普通民众的巨大差别应用"给力"这样的网络流行语密切的联系起来，生产了巨大的信息量，营造了强大的信息势，真正实现了"给力"的预期和效果。

综上所述，正如在物质空间中，不可能存在绝对没有黏性的理想流体和绝对光滑而没有阻尼的平面一样；在信息空间中，也没有绝对不爱钱的人和绝对不受权力控制的人。所以，在物质世界中，物质力支配了物质空间；在人类社会，信息力支配了信息空间。在一个越来越以代谢信息为基本营养的信息人社会，人类的基本生活正在从物质生活上升到信息生活，在人们身上发生的作用，也正在从人与自然的物质作用上升到人与人的信息作用。人们常常感到生活的压力、工作

---

① http：//www.sina.com.cn. 2010 年 11 月 10 日 16：34. 荆楚网.

的压力，不是别的力，正是由于人们对各种社会信息具有情感阻尼而产生的信息力。适度的信息力是个人进步的推动力，而过大的信息力则可能导致焦虑、惶恐和抑郁。所以，在势科学的视角下，面对普遍的、客观的、个人无力改变的信息势场的作用，减小信息力作用的唯一途径就是削减个体对信息势的阻尼。实际上，心理咨询的主要功能就是削减文化阻尼和情感阻尼。通俗地讲，也就是人们在日常生活中面对钱、权、环境以及情感的压力时常常所说的"想开点"。

各种信息形成不同向度的信息势或信息场，因而产生着不同向度的信息力。权力信息的作用力显而易见，如俗话说的权力可以"呼风唤雨"，"官大压死人"；货币信息的作用力也不难理解成"有钱能使鬼推磨"；知识信息的作用力则有名言在先"知识就是力量"；情感信息的作用力更加普遍，人们都愿意为亲人、爱人、恩人而"赴汤蹈火"，甚至为爱而献身，宗教情感的力量使任何一种社会力量都不可能以宗教为敌；艺术信息的力量使艺术家为追求艺术而战胜艰难困苦，不惜忍受长期的孤独；虚拟信息的力量使多少青少年不吃不睡，沉迷于网络空间中。

全面研究信息的作用机制，我们可以抽象出信息力学的六个定律：

第一定律 在一个不受外界信息作用的封闭信息环境中，人们将保持原有的文化状态——惯性守恒机制。目前，股票市场广泛使用的源于"道氏理论"的"技术分析"方法，其基础就是惯性守恒机制[8]。

第二定律 对象所受的信息力等于作用于该对象的信息势与该对象对该信息势的阻尼之积——社会动力学、经济动力学、教育动力学与管理动力学机制：信息力 F 是信息阻尼（情感黏性）M 和信息势 A 的函数，即 $F = F(M, A)$，用公式表达即

$$F = f \cdot M \cdot A = f \cdot M \cdot \mathrm{d}v/\mathrm{d}s = f \cdot M \cdot \mathrm{d}v \cdot \mathrm{d}l \qquad (5.1)$$

式中，$M^{①}$ 为信息阻尼，即被作用者在一定信息环境中对该类信息的情感黏性或情感依赖。A 为"信息"或"信息势"，一般指有效信息量 $A = \mathrm{d}v/\mathrm{d}s$；$\mathrm{d}v$ 为信息

---

① 而对于作用者来说，M 也表达被作用者所具有的信息量，被作用者占有的信息量越大，信息"质量"就越大，就越难以推动。这其实是同一个问题的两面，被作用者占有的信息量越大，他对同样的环境信息的黏性（依赖性）就越小，受力就越小，当然越不易被推动。例如，一个很有钱的人，面对同样多的货币信息的作用，他行动的概率就很小。一个权力很大的人，较小的权力信息就不可能推动他。一个知识很多的人，一般的知识信息他不会感兴趣，而且往往毫不在乎、不屑一顾甚至成为打压创新的罪魁祸首等。

差别；ds 为信息距离；dl 为信息联系 $dl = 1/ds$；f 为环境作用系数，可看做环境的风险指数。当环境是完全确定的时候，$f = 1$，信息力退化到物质力，信息阻尼 M 退化到物质阻尼 m（物体质量），信息势 A 退化到物质势 a（物质加速度）。环境的不确定性越大，人们的心理危机感越强。在同样的信息势和信息阻尼条件下，感受到的信息作用力越大，越容易发生运动状态（生活状态）的改变（在黑暗中有一点亮光就会行动）。因为人类社会的所有信息环境，总是具有不同程度的不确定性，所以，一般情况下 $f > 1$。因而在最具确定性的环境下，对于同样的信息势和同样的信息阻尼，人们所受的作用力最小，生活状态最稳定。

在物质世界，受力物体是完全被动的，在信息世界则不然，受力对象可以通过调节各种信息的情感阻尼来调节自己的受力状态。这是人类社会比物质世界更加复杂的主要原因。

由此可见，信息力与物质力符号逻辑的一致性表达了信息作用与物质作用内在规律的统一性。在这样一个统一符号的逻辑表达中，物质作用中的牛顿力只不过是普遍的信息作用力的一种特殊情况，即在完全确定的物质环境中作用系数 $f = 1$ 的情况。正如牛顿力学是相对论力学的一种特殊情况一样，牛顿力学也是普遍的势科学视域中信息力学的一种特殊情况，这也又一次证明了势科学理论的包容性、普适性及其科学内涵。

第三定律　信息作用力与反作用力大小相等方向相反，分别作用于两个不同对象——情商的控制机制——沟通不变性机制。

第四定律　信息不对称导致关系不对易，产生社会的量子化——信息人社会的风险机制。

第五定律　信息相互作用遵守等效变换原理，全球化—局域化—个性化机制。

第六定律　势定律——势趋不变性（差别促进联系、联系扩大差别）导致系统的相变分岔以及对称形成群——和谐创新机制——复杂性科学机制。

其中，第一定律与牛顿力学第一定律一致，是显而易见的；第二定律包含着牛顿第二定律，前已述及；第三定律与牛顿第三定律一致，是情商的控制机制，可以叫做沟通不变性机制。例如，人们在沟通中常常想要知道对方对自己的感觉，这时你就可以应用该定理先体会你自己对对方的感觉，那就是对方对你的感觉。当然，由于从自然到社会的泛化机制，这不可能像牛顿第三定律那样精确；

第四定律与量子力学一致；第五定律阐述了"社会相对论"，与物质相对论力学相仿；第六定律就是我们所论述的势科学定律。

三、信息势与信息力的深层次探讨

如果进一步深入研究势与力的逻辑关系，则可发现信息势与信息力的相对性和在不同层次上的转换机制。例如，如果 m 表示物质质量，是一种运动阻尼，即黏性，a 表示加速度，是一种导数或信息，即一种信息势，二者之积 $F = ma$ 就表达为力。但在另一个层次上来看，a 作为加速度，其本质意义是前后两个速度之差，因而是一种差别；而 m 作为一个常量表达着物质世界普适的不变量，充当着一种普遍的联系［在人类社会也一样，是普遍不变的机制（或事物）才能将人们联系起来。例如，是具有普遍性和相对不变性的民族文化才将各民族之内的人们联系起来。所以，在任何领域，不变性是联系的基础］。所以，在这个层次上看，$F = ma$，即"差别×联系"表达的是一种势、一种信息而不是力。由此可见，势与力或信息与力的概念是相对的。在不同的层次上互相转换，在某一个较低的层次上来看是力，在一个更高的层次上来看可能就成为势或信息。所以，哲学家黎鸣说"力其实就是信息"，在跨越两个不同的层次上来说是对的。主要问题是人们在给一个对象下定义的时候，其前提是在同一个逻辑层面上，在概念的同一个前提下。因为势或信息和力总是出现在同一个公式中，即"力"与"势"或"信息"常常在公式的两边，所以，是"力"就不是"势"，因而也就不能简单地说"力就是信息"。但是，无论如何，能在缺少"势"这个重要概念的情况下，窥视到力的信息本质，的确展现了黎鸣先生作为哲学家的智慧。

在信息人管理或教育中，同样存在着这样的问题。例如，在前述信息人的张量表达中，主对角线上的张量分量 $\delta_{11} = X_1 \times iQ_1$（货币×情感）、$\delta_{22} = X_2 \times iQ_2$（权力×艺术）、$\delta_{33} = X_3 \times iQ_3$（知识×抽象），表达的是六维信息势或信息中，显势或显信息与潜势或潜信息的正对称作用。从显势或显信息来看，货币信息的实在意义是货币的多少，因而是一种差别。权力信息的实在意义是权力的大小，也是一种差别；知识信息的实在意义是各种各样的知识以及知识的多少，同样是一种差别。而从潜势或潜信息来看，情感的重要价值是能将具有不同货币信息的人们联系起来；艺术的重要意义是能将不同权力信息地位上的领导与成员联系起来，即管理通过艺术性技巧或方法注意细节，就能将组织成员联系起来产生执行力；抽象虚拟的意义是在更深层次上找到更加本质的规律将不同的知识联系起来，在更大的范围中将不同的资源整合起来。可见"货币、权力、知识"表达的是差别，"情感、艺术、虚拟抽象"表达的是联系。所以，在这个意义上，"货币×情感"，"权力×艺术"，"知识×抽象"就是"差别×联系"。因而，在这个层次上 $\delta_{11} = X_1 \times iQ_1$，$\delta_{22} = X_2 \times iQ_2$，$\delta_{33} = X_3 \times iQ_3$，表达的就是势或信息。

但在另一方面，"货币、权力、知识"是我们定义的三维显信息，即显势，而"情感、艺术、虚拟抽象"则在另一个层次上表达的是阻尼或黏性。情感具有某种不变量特性，因而具有阻尼或黏性作用；艺术信息体现的是一种管理不变量（管理必须保证艺术性和谐），因而具有阻尼或黏性作用；抽象信息体现为更深层次的规律，而规律的本质就是不变性，所以虚拟抽象成为一种阻尼或黏性。因而在这样的视角下，货币、权力、知识信息表达的是势或信息，而情感、艺术、抽象表达的是阻尼或黏性。由此，则 $\delta_{11} = X_1 \times iQ_1$，$\delta_{22} = X_2 \times iQ_2$，$\delta_{33} = X_3 \times iQ_3$，即"货币×情感"，"权力×艺术"，"知识×抽象"，表达的是一种力，一种兼顾货币与情感、权力与管理艺术、知识与虚拟抽象的管理力或领导力。

四、信息势与执行力和领导力及文化软实力

从"势＝执＋力"可见，似乎有势就有了执行力，但实际上势必须通过阻尼转化为力，才能执行。由于人们对于六维信息势（钱、权、知识、情感、艺术和虚拟抽象）存在着普遍的信息阻尼（黏性），所以钱越多越有执行力，权越大越有执行力，知识越多越有执行力，情感越丰富（朋友越多、社会网络资本越大、对下属越体贴关怀）越有执行力，越讲究管理艺术越有执行力，构建的愿景越美好产生的激励越强烈越有执行力。管理学越来越强调管理细节，就是因为只有注重细节才能将差别巨大的个性化成员紧密地联系起来，将成员的个性化追求与组织的统一目标联系起来，营造强大的组织管理信息势，从而产生执行力。不关注细节，就可能在某些"细节上"得罪人，使组织涣散，失去执行力。

在信息力概念的逻辑定义基础上，可以真正科学地探讨管理学现今广泛关注的"领导力"理论。例如，就王云峰最新提出的"领导力的大小取决于领导者的创业精神、愿景构思能力、凝聚人心能力"[9] 而言，其"愿景构思能力与凝聚人心能力"，显然是领导者具有的"虚拟抽象信息"和"情感信息"使被领导者感到强大的愿景领导势和情感领导势的吸引产生的黏性阻尼表现出的力；而"创

业精神"则是领导者具有的"知识信息"通过"虚拟抽象信息"的提升达到真正融会贯通后产生的"创新分岔预期"使被领导者感到强大的知识领导势的吸引产生的黏性阻尼表现出的力，本质上是创新和创业能力的具体表现。可见，领导力是被领导者对于领导具有的信息势的黏性阻尼的具体表达，这种黏性阻尼在管理学中组成"信任"研究的另一课题，归入势科学视域中的信息力学的研究之中。

在企业组织的管理中，领导在公众场合的讲话是提升领导力的重要契机，但把握不好反而会削弱领导力。势科学视域中的信息力学给出了一个明确的指导原则：要求讲话必须注重生产最大的信息量，营造最大的信息势。而数学要求的"独立性、相容性、完备性"给出了一个营造最大信息势的有效路径：其一，所讲的几条不能重复，即不能线性相关（即独立性——差别最大），否则会使部下感到啰唆而失去信任，削弱领导力；其二，所讲的几条必须围绕同一个主题（即相容性——联系最紧），否则会使部下感到演讲人思路不清失去信任，削弱领导力；其三，所讲的几条能够覆盖企业组织中目前大家关心的所有重要问题（即完备性，保证讲话结构形成数学群），否则会使部下感到演讲人对企业的现状不了解、对部下不关心而失去信任感，削弱领导力。独立性和相容性产生了最大的信息量，营造了最大的信息势，完备性激励了情感黏性，产生了情感阻尼。信息势×情感阻尼产生了信息力，即领导力。

在势科学理论基础上可以进一步研究文化软实力形成的逻辑机制。文化，既不是物质，又不是能量，文化在本质上是信息[10]。文化要素之间的差别越大，联系越紧，文化的有效信息量就越多，文化的信息势就越大。在同样的文化阻尼条件下，文化产生的力就越强。所以，打造文化软实力的根本路径，关键是营造文化信息势。广义文化信息的内涵极其丰富，包括科技、宗教、意识、民风民俗等；狭义文化信息主要指文学、艺术、音乐、教育等（有关营造文化信息势的内容参见第六章势科学理论的普适性）。

第三节　信息作用的内在机制

一、信息的抽象性和实用性

信息人的不确定性在某种程度上归咎于信息的抽象性。大多数人总是认为自己最愿意也最容易接受实用的、具体的东西，而不愿意或不容易接受抽象的东西。但事实上，越是抽象的却越是实用的，或者越是实用的，就越具有抽象性。钱最实用，是因为钱最抽象，钱是世界万物价值抽象的符号，似乎没有比钱更抽象的东西了；权是实用的，是因为权是抽象的，权力的抽象性在于权力的本质是"信息的占有量"，权力的抽象性甚至使权力成了"神奇"的，属下总是心领神会地甚至揣摩心思地侍奉权力；知识是实用的，是因为知识是抽象的，知识的抽象性毋庸置疑，而且社会越是信息化，新的知识就越抽象，以致产生了"知识垄断"——让你学不会，美国反托拉斯法要肢解微软就是最好的例证。情感和激情是有用的，是因为情感和激情更加抽象，有谁能为情感和激情下一个定义呢？艺术和漂亮的实用性在于它的抽象性，人人都喜欢漂亮，但有谁能说出什么是漂亮？一首歌可以红遍世界而引来无数的追星族，但有谁能说出他为什么喜欢？虚拟信息的实用性使虚拟企业的利润大增，而虚拟信息的抽象性则使人们甚至将"虚拟"与"空虚"同日而语。虚拟网络的抽象性忽略了个体之间的任何差别，将每一个个体都抽象为网络中互动的"元素"，使人人都从根本上忘掉自我，所以才能最大限度地从人性中超脱，使虚拟空间变成最为真实的信息空间——人人都敢说真话的真的信息空间。网络的抽象性使得在网络上所有的人达到了真正的平等，人人都是上帝，个个都是中心。以至于一个小朋友可以如此描述网络：在现实世界中，人人都把真话藏起来，在网络上大家都可以说真话，你说哪个世界更真实？

其实，总体上说，网络的抽象性为人性提供了最大的对称化空间：你可以完全说真话，你也可以完全说假话，网络都是最合适的地方。而在现实空间中，则束缚着人性的对称性极化，使你既不能完全说真话，也不可能完全说假话。网络的抽象信息空间带来了信息的爆炸，使人类对信息的选择机会无限增多的同时，也增加了更多的不确定性。

二、信息不对称、关系不对易与社会的量子化

在物理学中，对物理可观测量 A 和 B，如果有 $AB = BA$，即 $AB - BA = 0$，则叫对易；如果 $AB \neq BA$，即 $AB - BA \neq 0$，则叫"不对易"，物理学家将"不对易关系"叫做物质世界的量子化条件[11]。就是说由于粒子世界存在种种不对易关系，所以物质世界量子化了。并由此可推导出著名的海森伯测不准原理，即

$$\Delta x \cdot \Delta p_x \geqslant \frac{h}{2}$$

式中，h 为普朗克常量，其物理意义是：当粒子的位置确定时（$\Delta x = 0$），则动量不能确定（$\Delta p_x = \infty$）；当粒子的动量确定时（$\Delta p_x = 0$），则粒子的位置不能同时确定（$\Delta x = \infty$）。在信息化社会中，信息人的社会可观测量"能力"和"岗位"的不对易也导致了人的能力和岗位不能同时确定。你的岗位确定了，你的能力就不能充分发挥出来，你有多大能力就不知道，要发挥全部能力，就要在不同岗位上兼职。

　　信息化社会出现了普遍的信息不对称，由此导致了种种社会可观测量，如人的能力和岗位关系的不对易，所以信息化社会产生了信息人的内在量子化；由于强烈的信息不对称，使"你找他与他找你"更加不一样，则导致了普遍的社会关系的量子化。社会的量子化使社会的决定论削减，各种几率性凸现，催生了信息人的浮躁、焦虑和脆弱；社会的量子化使经济出现了"人气经济"，使社会风险日益加剧，使社会腐败与邪教和迷信等愈演愈烈（有关社会的量子化机制的详细内容参见文献[7]）。

三、信息统一场及非平衡非线性作用

　　信息的高度抽象化使各种不同的信息（钱、权、知识、情感、艺术、虚拟抽象）在本质上统一起来，因而权钱交易，权色交易，钱色交易，权知（文凭）交易，钱知（文凭）交易等，成了信息社会信息"融会贯通"、"交叉创新"的时代特征。人们甚至不能理解将六维信息的等价交易称为各种各样的"异化"，诸如"权力异化"、"知识异化"、"情感异化"等，却不知这是信息化社会各种信息力统一的必然趋势。这种趋势使信息化社会在本质上产生了"社会信息统一场"，这种场具有显著的力学特征。因而从信息力学的理论或视角来看，信息人及信息化社会的不确定性，是由于信息化社会产生的强大的信息场形成了强大的信息势，在这种信息势的推动下，出现了各种信息势与信息流的非平衡非线性作用。在传统社会中，信息化程度低下，由于物理性空间和生物性空间（生物人生活层次上的空间）的阻碍和干扰，各种不同信息还无法在人们的思想意识形态上统一起来，无法构建起"社会信息统一场"，因而信息势作用微弱。各种平衡的、线性的作用起主导地位，所以社会是稳定的"线性社会"。正如我们从物理

中知道的那样，当电势很小的时候，电势与电流的作用是平衡的、线性的；当电势很大的时候，电势与电流的作用就出现非平衡、非线性。鲜明的例子是，当雷电产生时，电流闪光的轨迹出现如树枝一样的不确定性分岔机制。在信息化社会中，强大的信息统一场产生的信息势使社会中各种非平衡、非线性作用占据了主导地位，因而社会实际上成了一个以混沌态主导的"非线性社会"，因而社会的本质特征就是不确定性。

研究各种力的统一，是继爱因斯坦以来物理学家和力学家为之奋斗的终极目标。对于物质力，我们已经统一了弱作用、电磁作用和强作用，力学家们正在期待着包括引力在内的弦理论的大统一。但根据目前的研究来看，宇宙大爆炸早已在实践中完成了的统一事业，人类在理论上可能还有很长的路要走。可能的原因是，人类是在大爆炸以后的漫长历史中才出现的。然而信息力则是先有了人类，有了人类的交流和信息传递，才有了信息力。信息力的作用是人类本身的社会实践，尽管各种信息力在社会实践中统一的效应到被人类感知之间不可能同步，但也不可能滞后太多。所以当各种信息力在社会实践中刚刚融通之时，我们就可以对它进行总结、抽象和理论描述。物质力与信息力作用的一个重要区别是，物质力从大爆炸开始就是一个强大的统一场，产生了一个既是量子化的，又是"非线性的世界"。随着四种力的分化，作用强度减弱，从而在一些局域中也演化出了一些线性世界。例如，出现了牛顿力学（电磁作用和引力作用的一些组合[12]）为核心的线性世界，以及以此为基础的大工业背景下的"线性社会"；而信息力作用过程则相反，信息化初期是一个各种信息力分化的微弱作用态，社会呈现为线性社会。随着信息化的发展，信息力从弱到强、从分隔到统一，产生了强大的六维信息统一场，形成了强大的信息势，催生了一个既是量子化的，又是"非线性的社会"，不确定性油然而生。人们可以预见，随着信息化的不断深入，信息人及信息人社会的不确定性会不断增加。

四、非线性分岔与风险社会

信息人的不确定性以及信息社会的不确定性使信息社会成了"风险社会"。"风险"和"机遇"是一个过程的不同描述，其概念寓意的本质就是不确定性：因为存在失败的概率，所以是风险；因为存在成功的可能，所以是机遇。当人们表达出有风险存在的时候，也同时表达出有机遇相伴；当你主动策划成功的战略时，要注意防范风险；当你不得不参与有风险的竞争时，要注意寻找机遇。"风险与机遇共存"的力学本质归因于系统在强大的信息场作用下的非线性分岔，也是"对称性支配相互作用"的力学机制在更高层次上的表达，是传统社会"决定论"机制在信息场的强大作用下发生对称性极化而丧失的表现。乌尔里希·贝克指出："风险是个指明自然终结和传统终结的概念，即在自然和传统失去他们的无限效力并依赖于人的决定的地方，才谈得上风险。"[13] 在这里，"自然和传统失去他们的无限效力"就是传统社会"决定论"的丧失，而"依赖于人的决定"则表明现代社会中事业的成败更依赖于人的"所为"。同一件事不同的人做，结果不同，不同的方法所为，结果不同。这种"非线性社会"的"分岔"和"对称性"机制提示我们：在一个六维信息统一场作用的系统中，当系统处于临界点时，任何一维信息的涨落都可能导致新的分岔和对称性极化。例如，在成功的征途中由于权力的干涉可能导致失败，在失败的边沿由于货币的注入可能获得成功，在发展的关键时刻由于技术和管理的影响使结果可能完全不同，甚至情感的涨落和波动也会极大的影响最后的结果等。

在信息人社会，社会风险是结构性的和制度性的。"结构性"的，表明社会风险是由信息化社会的社会结构决定的，是指信息化社会在强大的信息场中非平衡、非线性作用的必然结果；"制度性"的，是指基本制度的缺陷可能导致的社会冲突[14]。"制度"① 的本来意旨是控制社会风险，然而在信息化社会，越是依靠制度来控制社会风险，社会产生风险的速度就越快，其根源在于制度本身的"惯性"成了产生新的风险的因素。制度是依据客观的经济发展条件、人们的道德认同、意识和文化倾向而建立的。具体来讲，就是依据人们在社会和经济环境中的博弈条件设立的。但在信息人社会，这些条件的变化不断加速，制度的时效性越来越差，刚刚作为约束风险建立的制度，就可能成为产生新的风险的因素。因而，未来的风险社会可能是非制度化的、自由的、无政府的。信息人社会是更加依靠"法律"而不是依靠"制度"来生存的社会，由此我们可以在信息力学的层次上证明"小政府大社会"是必然的发展趋势。而由于社会博弈条件的加速变更，法律的更改和新法的产生将更加迅速。换句话说，在未来的信息化社会

---

① 制度的信息本质是一种信息对称机制，对称的本质是"变换以后的不变性"，将制度约束的双方调换位置，还需要这种制度，说明这种制度对于双方是公平的、对称的（像俗语所说：是否公道打个颠倒），众人才能有积极性遵守该制度，所以，制度才能成立。

中，人们的社会行为会常常踩在法律的边界上，一不小心就可能违反，但又不违法，就看律师怎样说，法院怎样判。简单地说，信息人的成功不但要依靠"做"，而且要依靠"说"；不但要依靠"行动"，而且要依靠"语言"；不但要依靠物理对称，而且要依靠信息对称。

信息人社会的不确定性本质上在于信息人的每一维信息依赖都建立了一维信息势，每一维信息势都常常超过了非平衡相变和非线性分岔的临界值，所以一定意义上与信息人社会的创新机制一脉相承。

参 考 文 献

［1］李德昌. 势科学与现代教育. 西安交通大学学报（社科版），2007，（2）：84～96

［2］卢光明，杨树芳. 信息的意义指涉与信息社会人类的命运. 自然辩证法研究，2007，（6）：84～87

［3］高德胜. "不对称性"的消逝——电子媒介与学校合法性的危机. 高等教育研究，2006，27（11）：11～17

［4］中国科学院领导力课题组. 和谐领导力模式研究——兼论领导力五力模型的应用. 领导科学，2008，（5）：12～15

［5］孙波. 文化软实力及其我国文化软实力建设. 科学社会主义. 2008，（2）：41～44

［6］黎鸣. 信息哲学论——恢复哲学的尊严. 第二版. 北京：中国社会出版社，2005：52

［7］李德昌. 信息人社会学——势科学与第六维生存. 北京：科学出版社，2007：58～66，174～218

［8］丁志国. 大道至简. 长春：吉林文史出版社. 2009：10，11

［9］王云峰. 领导力理论溯源及创业领导研究方向. 技术经济，2008，（6）：21～26

［10］李德昌，赵兰华，梁莉. 文化场与南北对话. 理论月刊，2002，（7）：34，35

［11］熊钰庆，何宝鹏. 群论与高等量子力学导论. 广州：广东科技出版社，1991：8

［12］阿·热. 可怕的对称. 荀坤，劳玉军译. 长沙：湖南科学技术出版社，2001：274

［13］乌尔里希·贝克，约翰内斯·威尔姆斯. 自由资本主义. 路国林译. 杭州：浙江人民出版社，2001：118

［14］陈磊. "风险社会"理论与"和谐社会"建设. 哲学研究，2005，（2）：46

第六章　势科学理论的普适性

第一节　科学技术势

从牛顿定律到麦克斯维方程，从量子力学的波函数到相对论的场方程，都是由导数和偏导数（某种斜率和梯度）构建的方程，即势函数。所以自然科学活动就是"找势"，将自然世界中各种层次上的势结构找到并表达为势函数。至今，自然科学找到的最大的势函数就是爱因斯坦的统一场论，目前已经将弱力、电磁力和强力统一起来了。基础物理学希望寻找的更大的势，即包括引力在内的四种基本物质力的大统一。

如果自然科学是"找势"，那么一个实际的工艺技术过程就是造势。例如，制药过程中药物溶液的萃取过程，是一种典型的搅拌与分离一体化的工艺过程。这一过程在工程上是如此直观，以致于人们从来不会提出疑问：为什么目的是分离，而过程和手段却必须是搅拌，它的逻辑机制是什么？实际上，搅拌的直接效果是均匀化、格式化，是一种去除隔阂的融会贯通，用社会科学的语言说就是一种自由化、民主化和制度化，也就是通过搅拌使混合药物内部分子之间产生一种内在的紧密联系。就在建立起这种联系的同时，药物组分之间溶解的不饱和度被催生了（联系扩大差别），即产生这种"联系"的同时，形成了溶解的梯度"差别"。联系与差别的统一建构了萃取过程的"势函数"。

所以，所谓技术势，就是将各种"差别"巨大的物质形态，通过各种工艺技术使其相互转化而紧密地"联系"起来所营造的信息势。技术的每一次进步，都是一次实际的路径变分，都标志着新技术比旧技术通过更短的路径实现了原料与产品之间的紧密联系，从而转换为使用价值更高的产品，都标志着人类发现或创造了一种新的技术势函数。

第二节　文学艺术势

如果有人告诉你"写作文就是求导"，你可能不把他当成疯子也会把他当成神经病，因为，说"求导"与"写作文"是一回事，这的确在势科学理论发现之前是难以想象的。势科学理论从根本上揭示了写作文的求导机制：首先设定一个主题，然后围绕主题展开，展开的内容与主题差别越大与主题联系的就越紧，文学信息势就越大，即该作文的文学信息量就越大，导数值就越大，作文就越好。

好的文学作品为什么能如此打动读者，就在于这些文学作品造就了信息强势，它们总是将生活中最世俗的和最向往的景象紧密地联系起来；最细腻的和最狂暴的情节紧密联系起来；最软弱的和最强悍的人物个性紧密地联系起来。法国著名哲学家、社会学家、人类学家和政治评论家埃德加·莫兰指出："在小说、戏剧、影片里，人们察觉'智人'同时不可分离的是'狂徒'。人类展现了他的渺小和悲剧性的伟大，时常与失败、犯错误和变疯狂的危险相伴。在我们的主角的死亡中，我们尝受了自己第一次死亡的经验。"[1] "在街上遇到流浪者、感到厌恶的人，会在电影中以他的整个身心同情流浪汉卓别林。在日常生活中我们所见的在形体上或精神上的悲惨现象几乎无动于衷，但是在阅读小说或观看电影时我们会感到同情、怜悯和天良发现"[1]；"文学的隐喻建立了相距遥远和十分不同的现实之间的类比的关联，使人能够对它带来的解读产生强烈的情感冲击。隐喻通过产生类比克服了事物之间的非连续性和隔离"[1]，营造了文学信息的强势。

小说《水浒传》之所以具有那么大的吸引力，在于《水浒传》中的一百零八将个个都是个性化的人物，而且个性化之间构成对称性张力：一方面是宋江，另一方面是武松；一方面是林冲，另一方面是李逵；……如此大的对称性差别的个性化人物在"替天行道，打富济贫"的思想和精神的统率下集聚在水泊梁山，声势浩大，令人振奋。实际上《水浒传》中的一百零八将构成一个具有数学群结构的组织泛群。对称性人物构成可逆元，"替天行道，打富济贫"的思想和精神是恒等元。产生了极其丰富的信息量，营造了强大的信息势。

西方文化自然造势的本质特征也常常表现在他们的文艺作品中。例如，在西方的小说和电影中塑造的各种侠：在生活中是普普通通的人，在特殊场合就是戴着面具的侠。一方面将"人"和"侠"对立，另一方面又将二者由同一个人紧密地联系起来，造就着一种作文学情景中的大势。而东方文化在这方面的弱势则表现在它所塑造的"侠"处处是一样的打扮，常常是始终如一的侠。西方文化自然禀赋的信息势特质，使他们习惯地处处营造个性化。我们常常看到，哪怕是一对双胞胎也要打扮得完全不同，在统一中创造差别来营造生活信息势；而在东方，习惯于弱势中生活的文化使双胞胎更是要打扮的一模一样。

　　同样，一首好的诗词，总是要通过在联系中创造差别或差别中寻找联系来营造"诗势"。看看李白的诗："飞流直下三千尺，疑似银河落九天。"通过"飞流直下"描写了一个无比陡峭的梯度，营造了大势。在这个意义上，写诗就是求导。再看"黄河之水天上来，奔流到海不复回"。通过黄河之水将天地之差联系起来，而且"不复回"还描述了势不可逆的科学机制。

　　历史学家的强势在于将常人不能联系起来的历史现象紧密地联系起来。

　　好的艺术之所以具有悠久的生命力，就在于好的艺术造就的是艺术信息强势，而且总是用差别最大的对称性元素或对称性的描述方法来营造强势。一张具有艺术价值的风景画，其山水和房屋之间总是既具有明显的形象差别，又具有时代背景下人文氛围的紧密联系。著名的清明上河图，因其所描写的鲜明的人物个性差别和统一的时代背景与文化生活的紧密联系，营造了宏大的艺术气势而动人心弦。

　　一首好的交响乐，其快板和慢板之间总是具有明显的节奏差别，同时又具有紧密的旋律联系，而且在寓意方面，也总是将反叛和顺从、痛苦和幸福紧密地联系起来。埃德加·莫兰指出："贝多芬在他最后的弦乐四重奏中，不可分离地把表示压抑不住的反叛之情的'muss es sein?'（德语：它必须是这样吗？）和表示不可抗拒的力量的顺从的'es muss sein！'（德语：它必须是这样！）连接起来。舒伯特的五重奏向我们表现了一种痛苦，但它在不断地令人感受痛苦之时，又使人升华到崇高之中。"[1]交响乐团的演奏之所以比小乐队具有更大的震撼力，在于交响乐团在乐器的配置上比小乐队具有更多的对称性元素：一方面是弦乐，另一方面是管乐；一方面是铜管，另一方面是木管；一方面是小提琴，另一方面是大提琴；一方面是短笛，另一方面是长笛；一方面是小号，另一方面是大贝司，所有这些对称性的乐器将不同的乐曲部分在指挥的带领下凝结在同一主题的音乐之中（在同一个音乐主题的统率下紧密地联系起来），营造了音乐信息强势从而具有了震撼力。

同样，舞蹈艺术的美在于舞蹈演员将差别巨大的肢体动作随着音乐的节奏和旋律紧密地联系起来，构建了视觉结构和形体寓意上的信息强势。

NBA 球赛中那些优秀选手的投篮动作总是激起强烈的喝彩，这在于选手们在瞬间完成了那些常人难以完成的高难度动作。将身体条件和空间条件的限制下形成的巨大差别，在选手们高超的球技中圆润而轻松地紧密联系起来，营造了视觉艺术上的信息强势，所以人们总是在观看体育比赛中体验到艺术的享受。

著名画家吴冠中"风筝不断线"（2007 年 8 月 16 日中央电视台 2 套节目）的艺术信念，从本质上说明了艺术创造中的内在机制——将"差别"紧密地"联系"起来的势科学机制。

美国大片《变形金刚》曾在全世界创下了票房的最高纪录，就在于《变形金刚》以现代科技手段，遵从势科学机制，在极大的差别中创造了紧密的联系，展现了从汽车到普通人，从飞机到任何一种形状的目标物的连续不断的拓扑变换，营造了以往任何一种技术和媒体都无法比拟的艺术信息强势。假如不是用动漫连续变换而是采用幻灯片，将飞机的图像和人的图像交替放映而去除中间的形态变换过程，实际上就是只有差别而没有联系，无法建立视觉感受的艺术信息势，就不可能有如此强烈的视觉震撼效果。

《阿凡达》电影的火爆号称电影史上的"文艺复兴"。它使得三十多年之前看电影一票难求的场景再次呈现，但不同的是那时是国产影片，现在是美国影片。中西方文化软实力差别越来越大。

《阿凡达》无疑生产了前所未有的电影艺术信息量，但其基本原理却十分简单——视觉要素之间的差别×联系——营造强大的视觉艺术信息势！

第一，野蛮与文明的差别与联系（原始纳美人与现代文明人的基因耦合生产出阿凡达），过去与未来的差别与联系，虚幻与现实的差别与联系（纳美的勇士骑着空中飞禽 IKRAN 与人类的战斗机对抗），其中介就是一个现代高科技制成的"对接设备"。

第二，生活与科学的差别与联系，简单与复杂的差别与联系，直白的现实与高深概念（"能量的借用与归还"的理论物理概念及分子生物学理论的"突触"概念等）的差别与联系。

第三，动物与植物的差别与联系（潘多拉星球上丰富而神奇的生态景观），凡境与仙境的差别与联系（逼真的飞流瀑布、漂浮云中的山峦、似含羞草的粉红植物、旋转飞行的"蜥蜴"、夜间发光的森林，似水母般在空气中游动的树种），人与动物的差别与联系（人的形象与动物形象的结合，人性与动物性的结合）。

第四，将语言的联系和心灵的联系用看得见的纽带联系起来，联系的方式又借助动物性的辫子和植物性的花絮作为媒介，由此营造了前所未有的形象信息量和视觉艺术信息势。

第五，3D 的全方位空间效果使人们身临其境，极大地强化了"意识"与"生活"的差别与联系，生产了丰富的信息量，营造了强大的信息势，实现了使人们感到心灵震撼的效果。

第六，健康人与残疾人的差别联系。在健康人把持的社会，突出一个残疾人的伟大和崇高。

第七，宗教与科学之间的差别和联系。最先进的科技与最原始的宗教互动以彰显来营造强大的信息势：一方面是圣树的崇高，另一方面是科技的强大；一方面是上帝的掌控，另一方面是科技的威力；一方面是神性的公平，另一方面是人性的贪欲（要将"野蛮人"移居而占领他们的地盘获取超导矿石）。最后，科学并没有战胜宗教，倒是上帝显示了公平，在最后的博弈中圣母显灵而帮助了纳美人，体现了与科学价值观对称的宗教价值观。影片在科学与宗教之间的差别与联系、互动与彰显中始终贯穿了西方文化价值观的核心，使全方位视角的对称性彰显、营造了极大的艺术信息势，不但吸引着小孩，也震撼着成人。

所以，艺术创作的唯一路径就是生产丰富的艺术信息量，营造强大的艺术信息势，其基本的逻辑机制就是导数的机制，即势科学的机制。人们根深蒂固地以为文学艺术与科学技术是根本对立的，却没想到在势科学理论中可以完全统一起来。

第三节　经济管理势

经济管理追求相同投入下的产出最大或相同产出下的投入最小，产出最大就是后一时间点与前一时间点间的差别最大，投入最小就是路径最短联系最紧。因而经济发展的动力机制就是在生产过程中不断营造经济生产中的信息势。

管理是"沟通"。沟通的目标是使差别很大的元素紧密地联系起来，组织中成员的个性化差别越大，通过沟通联系的越紧，凝聚力越强，组织势就越大，竞争力就越好，管理就越有效。

管理是"激励"。激励是使组织成员感受到未来与现在的巨大差别，它可以通过自己的努力联系起来。激励越有效，成员的内在信息势就越大，积极性就越高，工作就越努力，管理就越有效。

所以沟通是对组织求导，使组织关系产生梯度，营造组织发展的动力机制；激励是对个人求导，使个人意识产生梯度，营造个人成长的动力机制；决策则是对路径变分，选择一条最短的路径达到目标。组织和个人的成长过程，就是在不断求导营造信息强势中的积分过程。

势科学对于沟通和激励机制的这种本质上的理论抽象，概括了以往管理学及心理学的种种研究结论。例如，美国心理学家弗隆（Victor H. Vroom）在他的《工作与激励》中提出的期望值理论[2]，实际上表达的就是一种激励信息势。他认为某一活动对某人的激发力量取决于他能得到结果的全部预期价值乘以他认为达成该结果的期望概率。即

$$M = VE \tag{6.1}$$

式中，V 为效价，指达成目标后对于满足个人需要其价值的大小，即未来目标与现在处境之价值差别；E 为期望值，是根据以往的经验进行的主观判断，一定行为能导致某种结果的概率，即价值差别之间的内在联系，目标结果出现的概率越大，目标价值就越容易实现，价值差别之间的路径就越短、联系就越紧；M 为激发力量，指调动一个人的积极性，激发人的内部潜力的强度，即我们所说的激励信息势。

由此可见，期望值理论只不过是一种特殊的势科学理论。势科学理论在本质上概括和包含着期望值理论。

制度管理是管理学研究的一个重要方面。制度管理本质上就是以线性的格式化方式营造一种组织信息势，制度要求不同的人们遵守同一种规定，就是用同一种格式化的规范将"不同"的人们紧密"联系"起来。在消除信息不对称的基础上，制度的格式化越强，营造的势越大，制度管理就越有效。

文化管理是信息量最大而作用量最小的、最经济的管理，是管理追求的理想。文化是人类生活中最具有格式化效应的元素，组织文化可以将个性化"差别"很大的组织元素在价值观和意识形态上紧密地"联系"起来。组织成员的

个性化程度越高，组织文化的凝聚力越大，组织文化营造的势就越大，文化管理就越有效。

"团队建设"是现代组织管理学意义上的新名词。一个团队，其组成人员"个性化"程度越高，对称性素质越好，业务上"联系"得越紧密，意识上的"凝聚"越坚固，团队的信息势就越大，战斗力就越强。

"虚拟企业"是将市场空间距离"差别"很大的各种业务，以核心技术为统率紧密地"联系"（组合）起来。所以，虚拟企业在企业的发展史上营造了最大的经营信息势——不办工厂就可以出名牌。

"细节管理"是管理领域的热门话题，是因为细节才能将个性化"差别"很大的成员"联系"起来营造组织信息势。不注意细节就会在细节的地方得罪人而使联系断裂，失去势。一个精明的老板，在顾客生日时寄一个小礼物给他（她），是典型的细节管理，其目的就是为了将情感和商机紧密地联系起来，营造组织的信息强势。

就法约尔提出的管理五大职能"计划、组织、指挥、协调和控制"来说，每一项职能的实施基础都基于要素之间的差别×联系。计划——需要将未来与现在的巨大"差别""联系"起来，将组织现有的各种"差别"巨大的资源"联系"起来；组织和指挥——其首要任务就是将"差别"巨大的个性化成员紧密"联系"起来；而且领导人的综合信息势（钱、权、知识、情感、艺术和抽象信息势）越大，组织和指挥的效率就越高；协调——更是直白的差别×联系，联系得越紧协调就越好；控制——只有将"差别"巨大的各种问题和要素及人员紧密地"联系"起来才能进行有效地控制。由此可见，五大管理职能的实施过程，就是在"差别"中寻求"联系"的过程，就是组织管理中营造信息势的过程。

2007年，诺贝尔经济学奖获得者马斯金所阐述的一个管理学者们耳熟能详的所谓"分蛋糕机制"，则是一个典型的营造最大信息势的管理机制：甲乙两人合买了一块蛋糕分着吃，如何分才能使两人都满意，是管理学的一个难题。一种方案是请一个道德最好的人来分，能够主持公道。但道德好的人如果技术不好把蛋糕切歪了怎么办？所以，另一种方案是请一个技术最好的人来分，但技术最好的人如果不能主持公道切歪了怎么办？看来似乎最好的方案就是请一个既道德好又技术好的人来分就能解决问题，但实际的问题是人们往往"这山看见那山高"，即使你切得再公道，他总觉得对方拿走的是大的又怎么办？所以，机制设计理论教你不要第三者来分，"让甲乙两个人中的一个切，另一个先拿"，这就是博弈论计算出的最好的分配机制。这种分配之所以成功的根本原因就在于营造了一个最大的管理信息势：甲乙两人分一块蛋糕，是对立的，即差别最大。切蛋糕的一方（先行动者）行动的时候（切蛋糕的时候）总是想着后行动者（先拿蛋糕的人）的行动——"万一自己切不均对方就可能把大的拿走了"，由此产生了最紧密的联系——先行动者总是想着后行动者的行动。可见，机制设计理论实际上设计的管理方案营造了一个差别最大却联系最紧的管理信息势，从而完美地解决了这个管理学难题。但是，如果我们有了势科学理论，这样的分配方案就是显而易见的（差别×联系），用不着博弈论的深长计算。

第四节　情感宗教势

如果有人说"爱就是求导"，在势科学理论之前那肯定是狂热之言。势科学理论使这种狂热之言成为"言之有理"。"爱"是一种情感势，情感势是一种情感梯度，是人在认识事物时感受到事物在联系中的差别或差别中的联系所激励的一种情感梯度。差别越大联系越紧密，激励的情感梯度就越大，情感势就越大，导数值就越大。如果一个家庭有几个小孩，母亲不但喜欢那个最优秀的孩子，而且更加疼爱那个智力不完善或有残疾的孩子。因为在同样的母子联系中，弱智或有残疾的孩子与常人的差别更大；在一群同样智力和身体条件的孩子中，母亲总是喜欢自己的孩子，是因为她与自己的孩子联系更紧密。在学习中，如果在差别很大的问题中找到内在的联系和统一，就会产生强大的情感梯度或情感势。学习的根本动力是情感势，即学习中的激情和爱。学习过程就是在情感势的推动下，人类理性对事物的不断"意识"过程，意识的积累形成"意识流"。正如在物质势（力）的作用下，变形是"位移流"积累的结果；在情感势作用下，知识是"意识流"积累的结果。一个均匀圆筒，在压力很大时，形状就产生非线性变形，整体上呈现为对称性图样；一个理性人，在情感势很大时，思维就产生非线性分岔，宏观上表现为知识的创新。

关于意识流，著名的物理学家和思想家戴维·玻姆指出："一个人可以感受到'意识流'的流动感觉，这种感觉与对一般物质运动的流动感觉没什么不同"；"某种意义上，流（flow）先于可被认为是在这流中形成和消失的'事物'

的流，人们或许通过考察'意识流'能够说明这里所指的东西。意识流是不能精确定义的，但它明显先于可视为在意识流中形成和消失的、确定的思想和理念形式，就像涟漪、波浪和漩涡是在流动的溪流中形成和消失的一样。跟溪流中的这些运动模式的产生与消失一样，有些思想多少以稳定的方式产生与消失，而其他思想是瞬息即逝的"[3]；"智力的基础必定存在于未规定的和未知的流之中，这种流也是所有可定义的物质形式的基础。因此，基于任何知识分支是不可能对智力加以推断和说明的。智力的起源比任何可知的、能够描述它的序更深层、更内在（实际上，必须领会可定义的物质形式的序，借助于它我们会有希望去领会智力）。……当接收机对无线电波上的信号敏感时，它自身的内部电流（被转换成声波）的运动之序便与电波的信号之序相同，从而接收机起的作用是把一个起源于其自身的结构水平之外的、有意义的序带到其自身的结构水平上来。于是，人们可以提出：在智力感知中，大脑和神经系统直接对普遍的、未知的流中存在的序作出反应，这种流不能归结为任何可知结构来定义的东西。因此，智力和物质过程共有一个单一的起源，它最终是那普遍流的未知总体。在某种意义上说，这意味着通常称为精神和物质的东西都是从这普遍流中抽象出来的，这两者应视为这一整体运动内部的两个不同且相对自主的序。能够造就精神与物质之间的全面和谐或相称的是对智力感知作出反应的思想。"[2]

正像无线电波与接收机的作用一样，当受教育者对他所接受的信息敏感时，自身内部的意识流的运动之序便与外界信息的信息之序相同，从而学习过程起的作用是把一个外部信息的有意义的序带到学习者自身的知识结构水平上来。

除了知识信息势可以激励情感势，按照六维信息人分析，货币（财富）信息势、权力信息势、艺术信息势、虚拟信息势同样可以激励情感势。从信息势激励情感势，可以使我们从理论上证明，为什么穷人家的孩子和普通百姓的孩子比富人家的孩子成才的几率更高。一个出身贫寒的小孩比富人家的小孩往往具有更加努力奋进的学习情感，是货币信息势激励的结果；一个普通百姓的小孩比高干子弟往往具有更加奋进的学习情感，是权力信息势激励的结果；一个小孩也可能会因为某种艺术信息的激励产生努力奋进的学习情感；而一个小孩在网上玩耍竟成为"黑客"，这无疑是由于虚拟信息势激励的结果。由于"对称性支配相互作用"，所以各种信息势激励的情感信息势，与原势比较是一种反势，正如在一个导体两边受到外电势的激励作用时，在导体内部就建立起一个反电势，电势与反电势大小相等，方向相反。同样，知识信息势的梯度方向是从复杂到简单、从高层次到低层次的内在联系，而其激励的情感信息势的梯度方向总是从简单到复杂、从低层次到高层次的追求；货币信息势和权力信息势激励的穷人家的小孩和普通百姓的小孩的奋进学习的情感信息势，与原来货币信息势和权力信息势势场的梯度方向比较显然是一种反势；艺术信息势与虚拟信息势激励的情感信息势同样是一种反势。

在物理环境中出现电反势，其重要的条件是该物体是"导体"，导体的基本特征是其内部具有应对外界条件变化的"自由电荷"；而在信息人环境中出现信息反势，其重要的条件是该对象是"理性人"，理性人的基本特征是具有应对外界条件变化的"自由情荷"。在具有金属结构的物质环境中才能产生自由电荷，在具有民主氛围的文化环境中才能生成"自由情荷"（所以一个家庭给予小孩的自由、鼓励、尊重是培育小孩自由情荷的重要条件，而孔子文化中家长制的环境就绝不利于小孩的成长）。在教育的宏观情景中常常表现为：一旦受到某种信息势的激励，处于自由状态下的无序的"情荷"就立即相互协同，从而一致有序的运动趋势显示某种"情势"，产生某种奋进的"激情"。在这里，自然状态下"非理性"的、无序的"自由情荷"在某种激励约束下的一致行动却表达为"理性"，是"对称性支配相互作用"规律在更高层次上的体现。实际上，由于钱对于富人家的小孩不产生激励，所以富人家的小孩与穷人家的小孩比较，少了一种货币信息势的作用；权对于高干子弟不产生激励，所以高干子弟和普通百姓的小孩相比，少了一种权力信息势的作用。少一种作用，就少一种势，少一种推动力，少一种成才的机会。

为什么鼓励、体验成功或叫做赏识教育可以使小孩产生学习的激情，原因就在于这种教育使小孩看到了差别巨大的未来与现在的紧密联系，使小孩感到自己有能力将未来与现在联系起来，造就了从未来到现在的信息强势，激励小孩产生了为现在到未来实现目标而奋斗的情感反势。

宗教的大势人人皆知，它可以将利益和思想差别最大的人联系起来。甚至，无论世俗生活中怎样敌对的人，在宗教意识的旗帜下，都可以紧密地凝聚起来。在传统科学的逻辑前提下难以理解的是，为什么科学越发展，宗教也越强势？科学活动就是找规律，找规律就是寻找宇宙中的势结构，所以科学找势的过程就是在差别巨大的世界万物之间寻找联系的过程，找到的联系越多，科学势就越大。

但科学要将世界万物之间清清楚楚的内在联系完全找到，可能是一个漫长以致无限的过程。然而在信教者的心目中，科学达不到的宗教却可以即刻了解，因为上帝可以清清楚楚地知道世界万物之间的内在联系，所以宗教的势最大，科学可以不断地逼近宗教，但却永远不能赶上它。这也就是在宗教意识的视角下科学至今不能战胜宗教的根本原因（如果你完全不信教，那就是另一回事）。宗教势大的另一个原因是在宗教意识中人与神的差别最大、联系最紧。宗教势本质上是一种宗教情感势。

宗教存在的根本原因就在于通过帮助人类"理解"来将人类和宗教联系起来。黑格尔说，存在的都是合理的，实际上存在的都是能够被理解的，按照数学的语言说就是"有解"的。例如在农村，如果一个老人死了，乡下叫"白喜事"，往往要搭台唱戏，至少要请一班"吹鼓手"。但如果一个小孩死了，做母亲的就无法解脱，甚至欲死不能。这时常常会有一个年老的长者来劝说：孩他妈你不要这样了，我在前段时间就梦见怎样怎样……小孩已经完成了他（她）的使命而被召唤去从事更加重要的事业等。其宗旨就是要说出一个道理，甚至叙述一种规律使这位母亲能够理解，最终才能从痛苦中解脱而生存下来。所以，一定程度上说，宗教的存在是人类存在的基础。所以，任何社会都不会反对宗教，而且一个希望持续发展的社会，往往需要宗教发挥的稳定作用。

关于科学与宗教的问题，杨振宁指出："是一个很重要的问题。一个科学家在做研究工作的时候，当他发现，有许多不可思议的美丽的自然的结构，可以描述为有一个触及灵魂的震动。因为当他认识到自然的结构有这么多不可思议的奥秘，这种感觉，我想是和最真诚的宗教信仰很接近的。所以你问：相信不相信在不可知的宇宙中有造物主在创造一切？我想我很难正面回答是或者不是。当我们越来越了解自然界一些美妙的、不可思议的结构后，不管是正面还是不正面回答这个问题，都确实有你所问的是不是有人或者神在那里主持着？这个问题存在。我想这也是一个永远不能有最后答案的问题。"[4]

其实，无论是宗教还是科学，存在及发展的唯一动力就是人类的"爱"。只要人类还在"爱"，就会既有科学又有宗教。而且追溯宗教与科学的起源，是由于人们对大自然的神奇无限敬仰、无限崇拜、无限的"爱"产生了宗教；是由于人们对大自然的神秘无限好奇、无限追寻、无限的喜爱产生了科学。当然，一定意义上也可以说，"宗教是爱出来的，科学是恨出来的"。一方面"恨不得"

一夜将所有的问题都搞清楚，因此就产生了科学，在这个意义上，"恨"是深层次的"爱"；另一方面，许多科学技术都是由人类社会的战争推动的，不少新技术总是首先应用在武器上、战争中，这也是一个不容忽视的现实。

第五节　教育文化势

如果科学"找势"，那么教育则必须"演势"、"找势"和"造势"。现代教育与传统教育的最大差别在于传统教育基本上固植于"演势"，就是将科学找到的宇宙物质系统在不同层次上的势结构（势函数）演示给学生。所谓的"传道、授业、解惑"以及"学以致用"正是传统教育"演势"的真实写照。现代教育的复杂性充分体现在"演势"、"找势"和"造势"的复杂叠加中。"演势"是教育的基本传承功能，"找势"是指现代教育必须进行的科学研究，"造势"则是现代教育区别于传统教育最突出的特征，它不再拘泥于知识点的教学，而是在教育过程中将差别巨大的各种教育内容在课堂、教材、课程结构和专业结构中紧密联系起来营造教育信息强势。"演势"注重记忆，"找势"注重发现，"造势"注重创新。在传统社会中，学什么用什么，而且用一辈子，所以，爱不爱无所谓，机械的传承和记忆就已足够。在信息化社会中，学习者面对的是一个处处需要创新的时代，因而学习过程必须要在大的情感势推动下，使情感势与意识流的作用发生非平衡相变和非线性分岔，才能产生智慧达到创新，因而就需要教育在每个环节中营造信息强势从而激励情感强势——营造学习和创新的动力机制。

实际上，一个民族的教育势往往根植于她的文化势。西方的教育强势本质上奠基于她的文化强势。就科普而言，无论是《可怕的对称》还是《夸克与美洲豹》及《时间简史》，都是将差别很大的问题联系起来营造文化和教育的信息强势；而在东方文化的氛围中，无论是《论语》还是《十万个为什么》都是一个事讲一个道理，毫无联系的差别只有知识点而没有信息势，就没有推动力。从更深层面上看，只有在民主文化与个性化文化的强势基础上才能孕育出教育强势。一个社会越民主，越崇尚个性化，这个民族中要素的差别就越大。同时，民主化与个性化必将导致在渴望"平等相处规则"的统一诉求中联系得更紧，教育信息势就更大。

按照势概念的逻辑定义，科学是对自然求导，经营是对市场求导，管理是对环境、组织及其成员求导，而教育则是对思维求导。求导必须保证函数的连续性①，自然演化是天然连续的，所以"可导"；市场的连续性在于法律的规范性和市场信息流传导的宏观连续性（一处的价格变动可以宏观连续的波及其他处），从而经营才能对市场求导；环境、组织及人才的可导性在于国家政策的连续性、管理制度的连续性以及人才职业规划的连续性，从而管理才可以对环境、组织及成员求导；教育的可导性在于受教育者思维的连续性和知识结构的融会贯通。所以，一方面必须从小培养小孩的逻辑思维能力，另一方面必须使已学到的知识融会贯通，教育才可能求导。已有的经验证明，学生的逻辑思维能力越好、已学到的知识的融合程度越高，学生的学习能力就越强，即教育求导的效率就越高。

科学的数学本质是寻找自然过程中的势函数，管理和教育的数学本质是人工构造某种势函数，并在管理和教育的实践中运行这种势函数。所以，教育和管理在本质上有了内在联系。在一定意义上，现代社会的课堂教学正在变成"育人管理"，新东方教育的成功是一个典型的例证。

第六节 信息量与信息势

哲学中所说的信息量包括一切能够称其为信息（消息）的所有信息，甚至噪声和废话也是信息。在势科学中所说的信息量，一般指"有效信息量"（实际上就是科学中所说的信息）。"有效信息量"是指经过融会贯通的、整合以后具有内在联系的信息量，为了叙述方便，以后在势科学视域中所说的信息或信息量，就是指有效信息和有效信息量。按照信息论的计算，信息表达为负熵，负熵意味着熵减，即意味着有序（熵增是混乱度增加，是无序），有序就构成梯度，

---

① 有关"连续"的问题，不仅是势科学理论的基础，而且是自然和人类演化发展的重要机制，刘树坤在《世纪讲坛》（凤凰卫视．2007 年 7 月 22 日）演讲"中国的水危机"时指出：长江筑坝造成了长江的节点性，破坏了长江水域的连续性，……河流堤坝不断升高，造成了绝缘，带来了生态的孤立性。成为水危机的根源。其实，不仅自然生态需要连续，社会生态更需要连续，试想，如果全球化的规则不连续，一个国家的政策法规不连续，人类现代社会秩序就无法存在，更谈不上有序发展。同样，如果一个人与同事的关系、与领导的关系、对下级的态度不连续，即不能一如既往而忽冷忽热，那他的生存一定是危机重重。马云在创业大赛中所说的：持久的热情才是热情，忽冷忽热是成长的大忌。同样是有关情感的连续问题。连续是"蓄势"的前提。

梯度就是势（在这个推演过程中，包含着剔除现象差别推进到本质联系的极限过程）。所以，可以简单地说：信息即负熵、即有序、即梯度、即势。因而，如果我们说能够营造教育强势的学校是好学校，即能够产生更多教育信息量的学校是好学校。又因为势即梯度、即斜率、即导数，所以也可以说，综合导数值最大的学校是好学校，求导能力最强的学校是好学校。

信息量与信息势的等价关系，进一步体现在按照信息论计算的以下事例中。

"单个事件比较，小概率事件者信息量大。例如，百年不遇的事信息量大，百年不遇的事一旦发生，令人震惊"[5]，这是因为百年不遇的事与平常的事比较，在同样的联系中差别更大，势更大。

"诸随机场比较，基本事件个数相同者，以等概平均分布信息量大。例如，判定两个势均力敌者谁取胜，比判定两个实力悬殊的对手不确定性大"[5]，因为两个势均力敌者对称——差别最大联系最紧，信息量最大，势最大。

"就等概随机场而论，基本事件多者，平均信息量大。例如，三择一比二择一不确定性大"[5]，是因为因素越多，系统复杂程度越高，同样联系中的差别越大，势越大。

由此可见，信息量与信息势是等价的。实际上，有钱的人占有的信息量大（账户中的货币数字大），所以势大——有钱有势；权力大的人占有的信息量大（权力的本质是信息的占有量，权力越大，向他汇报的人越多），所以势大——有权有势；知识多的人占有的信息量大，所以势大——知识就是力量；朋友多的人，占有的信息量大，所以势大——人多势众；审美能力好的人占有的有效信息（艺术信息）量大、势大；虚拟抽象能力高的人占有的有效信息量大、势大。

对一个人来说，某一时刻占有的信息量与该时刻接收的信息量是两回事。他占有的信息量表达着内在的有序，是经过融会贯通后的各种具有有机联系的信息，是他的能力的表征和应对外在不确定性的保证。所以，某一时刻一个人或组织占有的信息量越大，能够控制的思维和行动就越有序，势就越大，能消除的外在不确定性就越多。当主体的信息势大于环境信息势或面对的对象之信息势时，不确定性就荡然无存。这好比谈恋爱，当你的对象常常犹豫不决（不确定）的时候，那一定是他（她）的信息势比你大，要么是更有钱，要么是地位或学历更高，或者是更漂亮，等等。如果你找一个乡下男青年（女青年）做对象，通常他（她）对你是忠心耿耿的，因为你的综合信息势比他（她）大。毋庸置疑，一个人如果具有无限多的钱，有无限大的权力，无限多的知识信息（像上帝一样无所不知），也就没什么不确定性了。当然，如前所述，过多的钱、过大的权、过多的知识又会导致更多的内在不确定性。但是，某一时刻他接收的信息量（未经整合的）大，内在信息并不一定越有序，一些不相干的信息可能成为噪声，可能引起思维和行为的更加混乱。基于信息哲学的视角，"势"实际上表征的是有用的信息，具有内在联系的整合信息，即符合势的根本定义"差别×联系"的信息。实际上"差别×联系"就剔除了一切无差别或无联系的无用信息。

本质上说，经过融会贯通的、整合以后的有效信息已经是另一个更高层次上的信息，是一个人能力（办成事的程度）的象征。货币信息的整合效应最高，是整个社会中"融会贯通"后被承认的，所以钱用在哪都可以办成事。权力信息的整合效应次之，是在权力范围之内经过整合（融会贯通）后被认可的。所以，一定的权力，只能在特定的权力范围内办成事。情感信息（社会资本）的整合是在亲人和朋友以及由友谊构建的网络关系中完成的，所以依靠情感来办事也只能在这个范围内有效，但情感信息可以将友谊构建的社会信息资源凝聚起来从而办成更多的事。因此，不能否认有钱、"有权"、有"朋友"的人实际上就是真正有能力（有势）的人。有知识的人是否是有能力（有势）的人，要看他的知识是不是被经过"融会贯通"、整合后形成了势（知识信息势）。一些博士成了书呆子，就是因为他们不会将自己学到的巨量知识进行融会贯通，这种知识越多就越混乱，就越不知所措，就越一事无成。零乱的知识放在一起构不成有用的整合知识信息量，就没有知识信息势，就没有能力。众多的"知识才子"，因为不了解零散的信息必须经过整合以后才能转化为信息势的这种内在机制，因而常常感到"怀才不遇"而抱怨社会。

一种信息的社会融合性越好，它的"柔性的格式化"程度就越高，这种信息就越好使。钱就是这样的信息，所以与权力和知识相比，钱最"好使"。"有钱能使鬼推磨"的比喻，说明钱已经接近上帝那样的柔性格式化（因为"鬼"是神和上帝才能指挥的），差不多成了现实生活中的"宗教"，只要有钱谁花都灵。权力的融合性比钱要差一些，所以权力就不像货币那样好使，不但受权力本身的"局域化"限制，而且往往还要讲究使用的技巧和方法，进一步讲，就是管理学中所说的管理还需要管理艺术。显而易见，"不会买东西"的人很难找到，而"用不好权"的人却大有人在。但信息化造就的社会横向个性化和纵向集约化，使人们对权力的依赖程度加强，所以在权力范围内权力也变得越来越好使。对知识来说可就没有这么幸运了，单纯的知识变得越来越不好使。在传统社会，由于社会生产、意识形态以及科学技术的整体对称性，决定了它是一个使用知识的时代，所以知识的融合性和格式化程度也很好。掌握一种知识哪里都能用，而且还能用一辈子。在信息化社会，由于信息的全球化带来的社会的局域化和生产的个性化及人的个性化，知识的社会融合性越来越差，被个体掌握后的局域化越来越强，同一种知识被不同的人掌握，产生的使用途径和使用价值却大不一样。这就像著名的《第三次浪潮》的作者托夫勒所说的：这个时代"知识就是力量"的说法已经过时，"知识的知识才是力量"。而"知识的知识"就是经过融会贯通的整合以后的知识，就是知识之间的联系，也就是知识的有序，是一种真正的知识信息势。所以在信息化时代，一个人掌握一种知识以后，必须与其他知识进行内在的融会贯通，从而整合成一种具有"活性"的、成为个人核心竞争力的"知识的知识"，才能真正派上用场。

专业会议与学术会议历来都是先投稿，经过评审录用后才能被准入参加会议而进行交流。然而，随着经济的全球化、货币的柔性格式化（全球通用化）加强及权力的集约化发展和知识的局域化约束（不可评价的知识、达不成共识的知识、学不会的知识、被产权所控制的知识等），知识在货币和权力面前越来越显得苍白无力，许多高等教育的会议是专为大学校长开的，在国内的连续几届所谓的"教育家大会"，根本不需要投稿，有钱就是教育家。某大学召开的"管理大会"，必须先注册交费才收稿。不但"认钱不认人"，而且也"认钱不认知识"。

2008年出版的《信息改变了美国——驱动国家转型的力量》[6]一书全面论述了信息（势）在美国发展过程中的作用，是对信息势作为发展动力的最好阐述。而最后一章的标题："信息时代：连续性与差异性"，几乎接近直白地从"联系（连续性）"与"差别（差异性）"两个向度表述了信息势概念的内在逻辑。聪明的美国人却用40多万字只表达了中华文化中的一个"势"字。

对于一个组织（企业）来说，能够表达它在某一时刻信息势大小的就是它在某一时刻占有的信息量。货币信息势是它拥有的现金和账户资金及能够折算为货币信息量的各种资产；权力信息势是它在行业中的话语权，也就是它在行业中的标准化能力或者叫做格式化能力；知识信息势是它拥有的人力资源以及技术资源和专利等知识资本；情感信息势则是它在社会中的网络关系以及组织文化的综合；艺术信息势是组织对于产品前景、技术路线、组织结构、社会和谐关系的审美能力，虚拟抽象信息势则是组织对于各种资源的整合能力和市场竞争中的并购能力等。

学校在广义上是一个组织，所以学校的信息势也应包括以上所有内容，但学校的教育信息势则主要是指学校人才的知识结构所具有的信息势、学校的教材结构所具有的信息势、专业中的课程设置所具有的信息势、学校的专业设置所具有的信息势等。

第七节 势科学理论的普适性与科学性

势科学理论的普适性与科学性表现在以下方面：

（1）重要科学理论的逻辑形式都是与导数联系起来的，势科学理论正具有这样的形式：势 = 差别 × 联系 = 差别 ÷ 距离，所以，势即梯度、即斜率、即导数。而且通过"求导"、"梯度"、"有序"、"负熵"、"信息"及"数学群论"这些最为普遍而抽象的科学概念和方法，教育学研究从根本上与自然科学的理论和方法融通起来，构建了一个系统的逻辑体系。

（2）科学的历程证明，越是具有普适性的理论，其抽象要素的个数就越少，该理论的抽象要素只有一个，就是"势"。势概念的抽象将整体性直觉（老子说"势成之"）与逻辑性分析（毕达哥拉斯说"万物皆比例"）统一起来，运用直觉与逻辑的对称（对称势最大）构建了强大教育信息势，为教育实践提供了强有力的工具。

（3）在人类历史的发展中，人性在演化，文化在嬗变，但"差别促进联系，联系扩大差别"的势机制不变，而科学就是研究不变性的，找到一个理论在所属领域哪都可以用才能称其为科学。由此确立了势科学理论对于教育学研究的重要意义。

（4）恩格斯指出：相互作用是世界万物的真正的、终极的原因。自然科学因为研究了四种基本作用力（强力、弱力、电磁力和引力）而成为真正的科学，社会科学由于没有逻辑地研究信息相互作用，遇到了如此多困惑和迷茫。势科学理论研究在势概念基础上逻辑的定义了信息力，进而可以科学地研究教育过程的信息作用机制以及学习能力等素质教育的核心概念，为填补教育学理论的逻辑缺失奠定了可靠的基础。

（5）迄今为止，能成为科学的理论必须具有可操作性概念。牛顿力学有"加速度"，相对论有"等效变换"，量子力学有"不对易关系"，控制论有"负反馈"，信息论有"信息熵"，协同论有"序参量"，突变论有"吸引子"，耗散结构有"非平衡"。势科学理论的可操作性概念是"对称性"，势的运行机制是"差别促进联系，联系扩大差别"，由此达到相反相成，即"对称"，即杨振宁说的"对称性支配相互作用"，所以教育就需要对称化教育。而对称性元素构成数学结构的群，由此即可建立和谐机制的数学模型，从而有效地研究素质和谐、组织和谐与社会和谐（详见本书第九章"势科学视域中的和谐机制与和谐素质——素质和谐的理论模型"）。

（6）势科学理论研究的科学性还在于其系统性，即"人—社会—教育"的系统性研究。"信息人"假设是势科学理论研究的逻辑起点，从"六维信息人"研究到"六维信息势"研究再到"教育信息势"研究，形成一个系统的逻辑体系。

（7）势科学理论符合科学评价的六个标准：①新颖性；②创造性；③自洽性；④包容性；⑤简明性；⑥实践可检验性。势科学理论的"新颖性"和"创造性"显而易见；就"自洽性"而言，势科学理论是一个完整的逻辑体系，不存在任何自相矛盾；对于"包容性"，势科学理论最大限度地继承、包容和统摄了以往各种学科领域的已有理论，不产生冲突与否定。例如，就势科学理论定义的"信息力" $F=fMA$ 而言，完全包容了牛顿定律所定义的物质力 $F=ma$，即在物质环境的确定性状态下，风险系数 f 退化为1，情感阻尼 M 退化为物质阻尼 m，信息势 A 退化为物质势 a，信息力 $F=fMA$ 还原到物质力 $F=ma$；管理信息势理论还很好地包容了美国心理学家弗隆提出的期望值理论[2]。势科学理论甚至在"心理和情感理解"的意义上产生了与宗教的沟通和融合；对于"简明性"来说，势科学始终围绕"差别与联系"展开，简明性不由分说；最后，对于"实验检验性"，你可以随时举行一场讲座，看看"有势（有效信息）"演讲和"无势（无效信息）"演讲的实际效果。实际上，每一个时空点上，人们的行动都在不断验证着势科学理论的有效性。

（8）势科学理论通过"差别"与"联系"两个哲学向度，上与哲学的思维接轨，下与科学的方法融通；实际上，哲学为科学构建了一个生长的平台，如图

6-1 所示，以差别和联系为坐标的两个矢量构成一个哲学平面，差别与联系的叉积（差别×联系），即"差别中寻找联系"建立起各种综合性科学（势科学理论及"新老四论"——系统论、控制论、博弈论、信息论和突变论、协同学、耗散结构、分形科学、"新新四论"——混沌、流变、超循环、动力系统）等横断科学，联系与差别的叉积（联系×差别），即"联系中寻找差别"建立起各种分支科学。

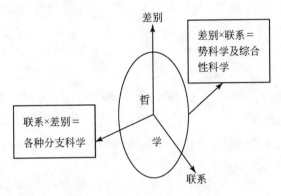

图 6-1 哲学与科学的统一性

（9）正像当年马赫从哲学上已概括了相对论，黎曼也从数学上写出了相对论，但只有当爱因斯坦揭示出相对论的物理学意义，相对论才成为科学的物理学。同样，当年老子已从哲学上概括了信息的功能"势成之"，毕达哥拉斯也给出了信息的数学表达"万物皆比例"，但只有势科学理论揭示出信息的本质功能并给信息赋予了真正的物理直观和几何直观及管理学和教育学意义，才有可能将老子的"势成之"与毕达哥拉斯的"万物皆比例"真正统一起来，使以信息作用为核心的社会科学及教育学成为真正的科学。

（10）势科学理论的科学意义还在于它从更加抽象的层次上揭示了人类文明发展的符号逻辑和美好前景：参见本书第一章概述第二节科学的分化与整合——从科学到势科学

笔者不敢说势科学理论对于教育学甚至社会科学的作用，就像当年牛顿定律对于大工业的作用一样，铺垫了一个基本的逻辑基础。但笔者期望正像牛顿定律必须具体化（逻辑地演绎）为固体力学、流体力学、热力学、电磁学（欧姆定律本质上就是牛顿定律[7]）等学科理论才能制造出机器一样，势科学理论也一定要具体化（逻辑地演绎）为教育学甚至社会科学的各种具体学科理论才能真正发挥作用。无论如何，有了势科学理论提供的这样一个以研究信息作用为核心的理论框架，作为信息科学的教育学甚至社会科学的研究就有了真正的逻辑起点。

参 考 文 献

[1] 埃德加·莫兰. 复杂性理论与教育问题. 陈一壮译. 北京：北京大学出版社，2004：131，135，136，178

[2] 马立荣，肖洪钧. 知识工作者的激励机制设计. 大连理工大学学报（社会科学），2001，22（1）：25～28

[3] 戴维·玻姆. 整体性与隐缠序——卷展中的宇宙与意识. 洪定国，张桂权，查有梁译. 上海：上海科技教育出版社，2004：62，63

[4] 杨振宁. 杨振宁文录. 海口：海南出版社，2002：292

[5] 孟庆省. 信息论. 西安：西安交通大学出版社，1986：1，2

[6] 阿尔弗雷德·D. 钱德勒，詹姆斯·W. 科塔达. 信息改变了美国——驱动国家转型的力量. 万岩，丘艳娟译. 上海：上海远东出版社，2008

[7] 李德昌. 新经济与创新素质——势科学视角下的教育、管理和创新. 北京：中国计量出版社，2007：206，207

第七章 势科学视域中的人才素质

——信息人成长的动力学机制

第一节 教育学理论逻辑缺失的误导
和风险及变革与重建

搞改革可以"摸着石头过河"，凭着感觉走；做产品可以"反复试验"，一次失败再来一次；经营买卖可以"不断寻找机会"，一次赔钱重新再做；但教育是"人命关天"，"浪费时间就等于谋财害命"。一般来说，人们不可能有重上一次小学、中学和大学的机会，实际上也没有家长愿意让自己的孩子成为试验品！教育必须在正确理论指导下保证成功。然而，教育由于理论的逻辑缺失，"盲目地改、不停地试"几乎成为中国教育的常态。而且更加可怕的是，日复一日频繁的改革和试验的路径役使，使各种教育改革几乎完全异化为"不需"甚至是"不许"进行理论研究的改革。

一、教育学理论逻辑缺失的误导和风险

心理学作为教育学的基础理论，曾为教育学的研究作出了重要贡献，但面对日趋复杂的信息化社会，在综合各种复杂的教育因素提出的素质教育中，心理学无法从信息作用的逻辑层面告诉人们素质是什么，创新是什么，创新素质是怎样来的。不光是教育学理论受到心理学的制约，爱德华·O. 威尔逊在著名的《论契合：知识的统一》中指出："我们再看一下批评理论、功能主义、历史主义、反历史主义、建构主义、后现代主义等，如果我们不是冥顽不化的人，我们就该承认，这些理论和主义都陷入了心理分析的泥潭，20 世纪有许多学术都在这种泥潭中消失了。"[1]

教育学理论的逻辑缺失成为一个被广泛关注的现实[2,3]。西方的行为主义理

论将刺激与反应作为教育的机制，是对动物性人类的描述，不可能对信息人教育有效；人本主义理论只不过是一种本质上的慈善主义表达，忽略了学习过程是一个信息作用的动力学过程；认知主义理论强调学习过程的信息加工和发现，一半是冰冷的机器，一半是未进化的原始，排除了人类学习成长的根本动力——情感要素，对更加依赖于情感推动的信息人学习本质上无效；广泛流行的建构主义理论既无法告诉我们怎样来建构学生的知识，也无法指导学生如何进行有效的反思。由此可见，教育学理论的逻辑缺失是全球化的问题，但这对于西方社会似乎并不重要。因为在西方，骨子里崇尚个性化生存方式的"文化"与"生活"，本身就在处处生产着信息量、营造着信息势，天然地适合信息化社会信息人的成长。

　　在传统的中国社会，教育理论的逻辑缺失对教育的影响也并不突出，因为传统社会教育的基本功能是传承记忆，教什么学什么，学什么记什么，记什么用什么，并且用一辈子。例如，所以中国人也曾创建了令全世界瞩目的大唐盛世！但信息化社会的基本特征是创新，面对培养创新人才的时代挑战，教育学理论的逻辑缺失使中国文化语境中传统教育的误导凸现，使受教育者的风险增加。中央提出的"全面推进素质教育"的号召，在某些所谓"专家"的操作下，就演化成了"全面素质教育"，而这种没有科学根据的"全面素质教育"与学生一代比一代更加个性化的现实日趋背离，成了现代教育面临的重要挑战。"全面素质教育"教出来越来越多的残缺不全的"个性化"，成为受教育者所要承担的巨大风险。

　　在真正从事于科学研究的、充满逻辑理性的其他领域学者的反驳下（如中国人民大学的顾海滨，曾在凤凰卫视中文台的《一虎一席谈》栏目中有关素质教育的辩论中指出：如果人人都全面了，那人人都一样了，个性化如何产生）、在学生日趋个性化的现实面前，在不个性化就找不到工作的就业压力之下，不顾人才成长的基本规律而热衷于全面素质教育的"专家"，为了保持自己的"专家形象"，不得不改头换面地又提出所谓的"导师制"和"一对一"的个性化教育。且不说"一对一"教育无从可能，就可能实施的"导师制"，只不过是一种专业教育的方式，而不是个性化教育的机制，"导师制"常常把学生教成与导师一样的模式。传统的教师已经很难适应信息化社会的竞争，而与教师一样模式的学生就业就更成为问题。艺术教育从来都是"一对一"的，但你只要仔细看看踢腿的舞姿，就会知道那是谁的弟子；只要认真听听几个音符，就可能知道是哪个弦乐流派。模糊的教育概念铸成了混乱的教育文化，王长乐在 2009 年 9 月 4 日《科学时报》A₄ 版周末评论栏目中发表文章指出："在这样的大学文化和精神氛围中，许多人的教学是一种对学生没有吸引力和感染力的无效教学，其极具普遍性的照本宣科教学方式与'划重点、背答案'的应试性考试方式'相得益彰'，这不仅造成了大学中司空见惯的'逃课'现象，也造成了许多学生'大学四年没有学到知识'的叹息。"因而，在传统教育主导的现代高等教育中，一流高校培养出"卖肉的"、"穿糖葫芦的"再也不是什么新鲜事……如果这些学生本来就是弱智的，那倒情有可原，问题是能够考上一流名校的都是被众人羡慕的聪明骄子。所以，许多科学家感叹道：中国的高等教育在不断培养出普通工程师的同时也在不断毁灭着优秀的科学家。徐小平甚至脱口而出：新东方的成功是高等教育失败的结果。高德胜在《"不对称性"的消逝——电子媒介与学校合法性的危机》中指出："在一定意义上，对很多学生来说，上学的经历变成了受伤害的经历。"[4] 实际上，许多学生在传统教育把持下的大学，学到一些陈旧知识的同时承受着经济付出、生命消耗及智力伤害的风险。

　　教育理论的逻辑缺失已经成为信息人社会各种矛盾中最为突出的矛盾之一，据报道，2009 年"两会"期间，有关教育的议案几乎达到全部议案的 50%，矛盾的不断深化甚至激起了"民愤"。笔者在某次南方出差时，一打开电视就听到主持人的总结："想气死就谈教育，想活好就教育自己"。在没有信息量的平庸教育的误导下，教育的产生力市场——大学的专业课堂成为所有生产市场中最没有效率的市场。除了逃课，课堂"开小差"更是司空见惯——你教你的我看我的，互相摩擦、互相影响，成长的生命无为的淹没在内耗之中。另外，大学以教育督导制为主的教育质量评价，实际上的原则导向就是聘请一些退休的老人作为评价的主体。某些大学明确规定，"知天命年龄"以上的教师才能作为督导。在大学，真正有才华有能力的"知天命年龄"以上的教师，哪个能有时间去听课"督导"，最后能聘到的督导大多是年龄大而"不忙"的和退休的老教师。在老教师中，个别注重总结经验而依靠直觉的感悟真正懂得教育规律，而且在继续不断学习的老教师是我们教育督导的重要资源，但与在职教师相比，大多数退休老教师的状态可能是难以保持继续学习，因而知识结构老化、教育观念陈旧。在由此组成的教育督导队伍的督导中，"传统评现代、外行评内行、落后评先进，甚至错误评正确"屡见不鲜。实际上，在教育理论逻辑缺失的背景下，教育的质量评价无论是"人本主义"的价值观还是"科学主义"的价值观，无论是"教育评价主体的多元化"还是"教育评价范围的扩展性"[5]，都免不了使教育评价成为一种无理论指导的就事论事的"工匠式作坊"的评价。

教育理论的逻辑缺失使教育市场成为一个"次品市场"，犹如经济学家研究的旧车市场。由于没有一个理论能够使买车的人识别旧车的好坏，所以能够在旧车市场卖掉的都是最不好的旧车。好的旧车由于卖不上个好价钱，最后都被不好的旧车驱逐出了旧车市场，因而旧车市场成为一个"次品市场"。在教育领域，由于没有一个逻辑完善的理论来使人们识别什么样的教育是好教育，学生成长的综合性和长效机制，使人们无法判断是谁将学生教坏了、谁将学生教好了。在教育领域就总是存在成本低的、不好的教育不断驱逐成本高的、好的教育，因此，成本高的、优秀的教育人才就会被驱逐出教育领域，最终使教育市场成为一个犹如经济学上称为的"次品市场"，由此而受教育的风险在所难免。

二、教育学理论研究的变革和重建

传统社会是一个生产产品的社会，社会围着工厂转，家庭围着商品转。商品生产充足甚至过剩的信息人社会，是一个生产信息进而是一个生产"人才"的社会。因而，社会将围着学校转，家庭将围着小孩转。过去大工业的商品生产是流水线的格式化生产，产品是同质的、千篇一律的。因此，人才的培养也可以格式化地流水线生产：各门功课是流水线上的各个环节，教师是流水线上的操作工，课程考试相当于部件的检验，最后毕业的学生就像是被装配起来的"机器"，其思维只能像无生命的机器一样教条，而不能像有生命的生物一样生长和创新。当然这种"机器"也能适应传统社会产品的流水线生产，因为在传统社会的生产中，只需要单调的操作，而不需要变通和创新。现代及未来的信息化生产，科学的融合与技术的集成，使得生产发生了革命性变革，越来越彻底的柔性化生产代替了日复一日的格式化生产，单件的、个性化的、创新性的生产成为主流。每个人面对的可能是一个任务，而不再是一个操作。因而，人才的"生产"至少应该像产品的生产一样进行革命性变革。这就要求教育必须打破专业界限，而且要打破学科界限，课程必须进行融合性集成，才能从根本上培养出适应未来信息化生产的新型、通用型、创新型人才。正如技术的整合与集成才能生产出各式各样的个性化产品（手机是最典型的例证）一样，只有知识的融合与集成才能生产出应对各种市场变化和适应各种任务性生产（而非操作性产生）的个性化人才。这种人才成长的逻辑机制，只有在势科学理论基础上才能给予科学的阐述，这种跨学科的融合性教育只有在势科学理论指导下才能有效而有序地实现。

信息人的教育是一个信息相互作用的复杂动力学过程，由于从微观到宏观的自由度缩并，动力学过程用宏观的动力学方法研究比心理学方法更加有效。例如，我们研究一定体积气体，理论上可以用量子力学的方法研究每一个分子的运动，然后得到所有分子的整体运动情况，但实际上很难做到。因为一定体积气体的分子数太多、自由度太多（一个分子有六个自由度），计算所有分子的自由度变化实际上是不可能的。自然界的许多过程，在从微观到宏观的发展进程中不但总是发生自由度的缩并，而且其微观规律与宏观规律也常常发生巨大的差异，甚至出现根本的背离。从分子的微观运动到气体的宏观状态，不但无数的分子自由度缩并到宏观的"压力、体积和温度"三个自由度，而且微观分子可逆的运动规律在宏观气体层面上却表现为不可逆的热力学过程。因而宏观的动力学过程，必须用宏观的动力学机制来研究，在一潭气体的情况下体积不变，我们只要研究"热力势"（压力）与"热流"（温度）的作用机制，就可以容易地揭示这个热力系统的动力学规律，由此蒸汽机、内燃机、汽车、飞机也就被发明了。对与信息化催生的个性化时代，信息人的个体心理差异越来越大，社会的自由度越来越大，不可能用心理学分析每一个人的心理状态，然后再实施教育。实际上，在心理差异从微观的无序分散作用协同发展到宏观整体作用之时，信息人的自由度也发生了缩并，无数个个体的身体和心理差异缩并到"食欲"（推动身体的成长，犹如热力学体积的膨胀）、"信欲"（对信息的渴望以应对外界的信息压力，犹如热力学的外在压力产生内在压力）和"意欲"（内在的意识需求，犹如热力学系统需要的温度）三个自由度。在信息人的假定条件下，"食欲"已经被满足，所以信息人教育只要研究"信欲——信息势"（犹如热力学压力）与"意欲——意识流"（犹如热力学温度）的作用机制，复杂的教育规律就可以被揭示。"势科学视域中的现代教育学理论研究"为信息化社会教育的复杂性提供一个有效的宏观研究途径，在研究信息相互作用的基本层面上为教育学理论的重建奠定了逻辑基础。

第二节　素质概念的逻辑定义及人才素质的形成机制

在教育理论逻辑缺失的背景下，为了表达现代教育与传统教育的根本区别，国家提出了素质教育。但什么是素质，以往的教育学理论没有提供一个逻辑的定义，似乎唱唱歌、跳跳舞、画画画、听听音乐、背背唐诗、读读名著、念念经典，甚至看看于丹、学学国学就是素质教育，结果既耽误了学习又没有培养出素质，使素质教育充满了困惑和迷茫。素质概念的不清晰和对素质概念不进行科学的定义，是素质教育产生误导和风险的根本原因。

在势科学的视角下，世界万物都有自己的素质：素质是所指对象的结构和功能的序秩（有序）。同样消耗一度电，利用空调获得的热量比利用电炉高出好几倍，是由于空调的结构及功能更"有序"；具有同样"功当量"的电能和热能在实际用来做功转化为其他形式的能量时其效率也大不一样，是由于电能和热能的有序程度不一样，即电能和热能的"素质"不一样。电能是各种常规能量形式中最有序（因而是最有素质）的能源。同样吃一个馒头，两个人的工作效率会相差甚远，是由于他们的思维和行为的"有序"程度大不一样。实际上，道德素质是行为的"有序"，虽然没有统一的道德标准，但只有有序的行为才能进行道德判断，行为无序"一会儿这样、一会儿那样"像精神病，就无法判断道德；智慧素质是知识和方法的"有序"，知识和方法有序才可能举一反三，融会贯通，显现出智慧的火花。虽然创新没有统一的规程，但只有有序的知识结构和方法才能使智慧具有创新功能。一般来说，消息的有序是信息，信息的有序是知识，知识的有序是方法，方法的有序就是智慧。正如著名的物理学家和思想家戴维·玻姆指出的："实际上，必须领会可定义的物质形式的序，借助于它我们会有希望去领会智力。"[6]而有序即梯度、即斜率、即导数，所以，智慧是方法的一阶导数、知识的二阶导数、信息的三阶导数。因而，也可以说，智慧是方法的一阶势、知识的二阶势、信息的三阶势。

信息人教育学的研究纲领是，始终以研究教育过程"信息相互作用"为核心主题。在这种研究纲领统率下之所以能够从根本上揭示人才成长及教育创新的内在机制，一个重要基点就在于占有"信息量"是人才素质的本质。这一重要命题其实是学术界早有的共识，只是因为没有素质概念的科学定义，使我们不能发现素质与"有序"的内在联系。哲学辞典指出："系统的有序程度和系统所包含的信息量一致，信息量是系统有序程度的标志。"[7]

有关智慧素质或智能形成的内在机制，刘玉仙和顾琛在"混沌信息空间信息组织面临的挑战和机遇"一文中指出"Verna Allen 从企业核心竞争力的发展的角度论述了知识从数据层、程序层、功能层、管理层、集合层、更新层和联合层的进化顺序，反映了知识由数据、信息、知识、原理而智慧的发展过程。而钟义信也通过对知识的概念定义、分类、描述、测度方法的探讨，论述了由信息生成知识的归纳算法和由已知知识生成新知识的演绎算法，以及在目标导引下把知识激活成为智能的原则算法，这样就沟通了全信息理论、知识理论、智能理论的内在联系"[8]。

从生物层次上考察，人的智力素质与蛋白质的结构"秩序"密切相关。"多数哺乳动物细胞色素 C 是一种由 104 个氨基酸分子组成的蛋白质分子，它们组成的排列次序不同就会形成性质和功能上的重大差异。人的细胞色素同猕猴的细胞色素 C 有 1 个氨基酸的差别，和狗的有 11 个差别，和马的有 12 个差别。一般来说，进化程度越高的动物同种蛋白质的分子组成和结构与人类的差别越小，蛋白质的结构和功能都是高度有序的。"[9]

人的成长和所有具有发展和演化机制的系统一样是一个开放系统，对于开放系统的"活"的结构，怎样才能达到"有序"呢？"非平衡是有序之源"（普利高津耗散结构）。从自然到社会，每一种"活"的有序结构都是在某种"势"和某种"流"的非线性非平衡作用中形成的：热对流中的 Benard 花纹的有序结构，是在"热力势"与"热流"的非线性非平衡作用下形成的；B-Z（Blousov-Zhabotinskii）反应的有序图样及有序的化学振荡，是在"化学势"和反应"物流"的非线性非平衡作用中形成的；植物生长的有序结构，是在"生物势"和光合作用的反应"物流"的非线性非平衡作用中形成的；社会运行的有序结构，是在"制度势"和社会"信息流"的非线形非平衡作用中形成的；市场运行的有序结构，是在"法律势"和市场"信息流"的非线性非平衡作用中形成的；知识的有序结构——智慧素质，是在"情感势"和"意识流"的非线性非平衡作用中形成的（学习过程是在一种向往学习的"情感势"推动下不断去"意识"的过程，"意识"的不断积累产生"意识流"）[10]。

关于非平衡产生有序形成世界万物之素质的势科学机制，一个只上过小学的老乡给笔者发来的手机短信在不经意中给出了表述："因为大地的不平衡，才有了河流；因为温度的不平衡，才有了万物生长的春夏秋冬；因为人生的不平衡，才有了我们绚丽的生命。"可以想见，无论是只具有小学文化程度的短信发送者，还是从事专业手机短信编辑的人员，懂得耗散结构原理或势科学理论的概率微乎其微，但通过对于生活的整体性直觉却可以给出甚或科学的表述，的确使笔者感到惊讶！这说明人们获得真理并不是一定需要通过数学的逻辑。

怎样才能非平衡？大势是非平衡之源。产生非线性的重要条件是系统远离平衡态，因而要求系统必须具有强大的推动势，才有可能产生非平衡、非线性机制。在力学中，当压力很小时，压力与变形是平衡的线性的。压力增加一倍，变形也增加一倍；当压力很大时，压力与变形的作用才能是非平衡非线性的。在电学中，当电动势（电压）很小时，电压与电流是平衡的线性的。电压增加一倍，电流增加一倍；当电动势很大时，电压与电流的作用才能是非平衡非线性的；同样，只有当情感势很大时，情感势与意识流的作用才能是非平衡非线性的。前已述及，学习中的情感势就是学习中的"兴趣"、"激情"，或者简单地说就是学习中的"爱"。正像 DNA 双螺旋结构发明者、诺贝尔奖获得者克里克所说的：科学发现来源于"狂热的追求"[11]，而"追求"正是由于心理的不平衡，"狂热的追求"是心理的极不平衡、是学习过程远离平衡态的真实体现。由此我们可以在微观层次上证明培养"兴趣"和"爱"为主的教育为什么如此有效。

北京大学心理学教授沈政，在《生命的奥秘》演讲中指出（《百家讲坛》，西安交大有线电视转播，2009 年 1 月 16 日）：心理学的研究也已证明，伴随"爱"的情绪性记忆犹如"一见钟情"，是最迅速的、即刻完成的，而一般的知识记忆要动用大脑中 30 ~ 40 个记忆区，需要 40 多分钟。情绪性记忆像一个"特使"，可以直接进入细胞核形成记忆蛋白而完成记忆。

进一步从教育过程中信息作用的深层次上考察可以发现，学生对于不同的问题具有不同的兴趣和不同的爱好，即不同的情感势。对于不同问题的情感势与不同的情感势产生的不同的意识流的交叉作用是"不对易"的（这种交叉作用的完整表述要应用张量）。在耗散结构意义上，教育过程的信息作用中产生了"超熵"，从而使原有知识结构在涨落中失稳，产生更高层次上知识的有序结构，形成智慧素质。

学习只有一点点情感，即学也行，不学也行，这时情感势与意识流的关系就像电势差不大时，电压与电流的关系一样是线性的，线性积累的结果是可以简单加和的，即 $1+1=2$。所以这种学习只能增加知识，难以提高智慧。要使知识在更高层次上有序，就要有更大的情感势，这时情感势和意识流的关系是非线性的。非线性积累不能简单加和，它具有 $1+1>2$ 的积极效应，非线性积累产生涨落使原有知识结构系统失稳，使知识结构产生更高层次上的有序。

在学习过程中，对于不同的问题有不同的情感势和不同的意识流。在非平衡的非线性区，第 k 种流 J_k 受第 k' 种力 X_k 的影响，同第 k' 种流 $J_{k'}$ 受第 k 种力 X_k 的影响不对易，即 $k \cdot k' \neq k' \cdot k$。粗略地说，在学习过程的非平衡非线性区，各种问题之间的关联性加强，而对 k 种问题的情感势可以促使产生对 k' 种问题的意识流，对第 k' 种问题的情感势也可以产生对第 k 种问题的意识流，但是这种作用是不对易的，即不存在昂萨格倒易关系，这中间就会产生附加的力和流，即附加的情感势和意识流，这在耗散结构意义上就是所谓的"超力" δX_k 和"超流" $\delta J_k^{[9]}$。

在学习兴趣不足的线性平衡区状态中，情感势和意识流具有线性关系，对于学习每种问题的态度都不好不坏一个样，因而各种问题的情感势和意识流之间的影响是对易的。没有超力和超流产生，就没有超熵产生，知识结构就不能产生新的有序，就没有创新。在耗散结构中，将超力 δX_k 和超流 δJ_k 的积累定义为超熵产生，即 $\delta_x P = \int \mathrm{d}v [\sum \delta J_k \delta X_k]$，即在微小区域 $\mathrm{d}v$ 中的超熵产生，这时判定解的稳定性函数是定态熵的二级偏离（二次变分）$\delta^2 s$。而 $\frac{\mathrm{d}}{\mathrm{d}t}(\frac{1}{2}\delta^2 s)=\delta_x P$，根据稳定判据可知，当 $\delta_x P>0$ 时，定态是渐近稳定的；$\delta_x P<0$ 时，定态是不稳定的；$\delta_x P=0$ 时，定态是临界稳定的。在学习过程中，超熵产生 $\delta_x P$ 一旦小于零，所研究对象的知识系统的原有结构就要失稳，从而就可能产生新的更高层次上的有序结构，形成智慧素质，实现创新。

耗散结构的有序，要不断地耗散能量和物质才能生成和维持。因而，智慧素质要在不断地参与信息的作用中，在不断地学习中，在不断的耗散信息、食物及其能量中才能生成和维持。

普利高津指出："功能—结构—涨落之间的相互作用，是理解社会结构及进化的基础。"[12] 同样也是理解人的素质形成和发展的基础。人们原有的知识结构是一种结构，这种结构产生学习的功能。学习中，在情感势的作用下，原有知识结构功能的发挥产生涨落，涨落在反馈中形成巨涨落，使原有结构失稳，最后改变了原有的知识结构，产生新的更加有序的知识结构，促进了智慧素质的形成和发展，而新的知识结构——智慧素质又决定了未来可能发生涨落的范围和强度。学习中的灵感即为一种最初的涨落，在进一步探索研究中，持续的各种信息的云集、作用和反馈使涨落被放大，最终导致了发明和创造，促进了知识的进步，也改变了原有的知识结构。

综上所述，素质是对象结构和功能的有序，非平衡是有序之源，在大势作用下才能产生非平衡。对于学习来说，就是要在大的情感势——大的激情、大的爱、大的兴趣作用下才能有心理的非平衡——产生追求和探索达到知识以及方法的有序，产生智慧素质。因而，更深入的研究需要探讨情感势的形成和产生机制。

第三节　素质形成的基本路径

在现代教育的实践中，我们常常看到，不同的教师应用不同的教育技术产生的教育信息量、营造的教育信息势不一样，学生激动的程度和学习效果也就不一样。然而，同一个教师用同一种教育技术教学，生产的教育信息量一样，营造的教育信息势一样，为什么不同的学生激动的程度却不一样，进而学习效果大不一样？这就需要在势科学理论基础上进一步探讨感性与理性、情商与智商的相互作用机制以及研究能够有效地培育情商和智商及感性和理性的文化环境。

一、外势激励内势，情商决定智商

情感势是人类意识的一种内在势，是在由家庭和社会环境的文化铺垫基础上，通过外在的信息势激励产生的。

在物理中，某一导体加一外电势时，首先在两端形成内电势，内电势作用下产生电流。在化学反应状态下，反应物流是在内部化学势作用下产生的，而内部化学势则常常需要外部的热力势和压力势（一定的温度和压力条件）来推动和维持。在素质状态下，意识流是在内在的情感势作用下产生的，而内在的情感势则需要外部的信息势激励来形成。由此可见，素质教育的环境机制就在于营造教育信息势。

　　然而，众所周知，同样一堂课，不同的老师讲，生产的信息量、营造的信息势不一样，激励的情感势、学生的激情、课堂气氛不一样进而学习效果不一样。但是，同样一堂课，同一个老师讲，为什么有的学生非常激动，有的学生却无动于衷？我们看到：潜在的情商决定智商。可以想见，一个学生如果什么信息刺激都不能使他激动，对什么都没有兴趣，外界发生的一切他都无所谓，就成了意识层面上的"盲人"或"聋子"，他的成才就可能真的成了问题！实际上，由内在情感信息强势导致心理非平衡和对外在信息的敏感性——就叫"聪明"，"聪"是"耳聪"，"明"是"目明"。在化学系统中，当化学势很强地进入非平衡区域时，化学系统接近分支点时的运动可以"感觉"出低到地球重力场百万分之一的变化[13]，而知识结构的无序导致情商缺失产生心理的持续平衡则相当于"聋子"和"盲人"。所以，素质教育除了关注外在信息环境，还需要进一步探讨内在情商①本质。

二、培育情商的文化环境

　　在物质环境下，一个物质导体之所以能够产生电流，其直接原因是由内电势推动的，而内电势的产生，除了需要外在电势的激励，还必须在导体的物质环境中，存在可以自由运动的要素——在物理学中叫做自由电荷。当导体受到外界电势的作用时，这些可以自由运动的要素——自由电荷，就会协调一致地有序运动产生宏观极性——表现为内电势。在内电势作用下产生电流而做功形成供给各种生产领域的动力，产生出社会所需的各种商品，广义上叫做财富。

　　在论述情感势的前述有关内容中就已指出，在教育环境下，一个具有情感基因的生物个体，要能够产生意识流，其直接的原因是由内在情感势推动的。而内在情感势的产生，除了要有外在信息势的激励，在该生物个体的意识环境中还必须存在可以自由运动的要素——在生物学或社会学意义上可以叫做"自由情荷"。当遇到外界信息势激励时，"自由情荷"可以协调一致地有序运动产生情

---

　　①　情商和智商之源是感性和理性。在以往有关教育和管理方面的著作中，将情商定义为"个人对情绪的控制能力"，这显然值得商榷。因为对情绪的控制能力恰恰是个人的理性所为。所以，在势科学视角下，情商是指个体对外界事物的感悟能力，对外界刺激的敏感性，即感性，一般表现为个体的激情或热情，也就是个体内在的能够产生情感势的那种原初势。当一个孩子还很小的时候，不可能理解任何事物，所以，人的成长是从培育感性、发展情商开始的。

绪极性——表现为激情，即内在的情感势。在内在的情感势作用下产生"意识流"，情感势与意识流的非平衡非线性作用产生知识的有序结构，广义上叫做"智慧"，而体现为智商。在以往的教育实践中，人们简略地将这种运行机制称为"情商决定智商"。

在物质导体的情况下，可以自由运动的"电荷"必须在金属材料营造的自由而宽松的环境中才能存在。自由宽松的物质环境本质上是一种"物质的民主"环境；在关注个体素质的情况下，可以自由运动的思维要素"情荷"必须在家庭、课堂、专业、学校及社会营造的自由而宽松的文化环境中才能产生。自由宽松的文化环境实际上是一种"精神的民主"环境，它本质上是一种"信息的民主"环境。由此可见，学生从小所处的家庭民主、课堂民主、专业民主、学校民主和社会民主是培育学生情商的重要土壤。

精神的民主环境，即信息的民主环境，按照势科学理论是一种基础信息量（相对于教育信息量的文化信息量叫做基础信息量）最大的环境，即一种初级信息（将形成基础信息之差别与联系的要素叫做初级信息）差别大而联系紧的环境。就是说，在这种环境中，个人可以完全自由地畅所欲言，但所讲的一定是符合时代文明发展主题的言语，对于学生成长和文明发展的主题是有效的言语，也叫做有效信息。只有这样的民主才能是文明的民主和先进的民主。没有这个限制，只强调个人庸俗的自由，民主就可能被践踏，甚至成为野蛮和暴力。古希腊全民公决的"民主"环境下将伟大的人类思想家苏格拉底绞死的历史教训，让追求科学民主的人们记忆犹新！

按照这样的民主要求，家庭的民主环境，就是家庭中的每一个人，特别是小孩都能够按照积极向上、尊重人格、追求文明的精神自由而畅所欲言、充分地表达个人情感的环境，而不是家长作风甚至"家庭文化暴力"，压制小孩的情感表达。同时，父母还一定要努力学习，提高自身的文化修养，掌握更多的时代文化信息，从而能够为小孩提供更多的有效信息。

课堂的民主环境，就是教师及学生都能够按照积极向上、尊重人格、追求科学、充分引导不同意见和观点，围绕课堂主题争鸣，形成自由而畅所欲言的环境，而不是教师独霸着话语权，甚至形成"课堂教学暴力"，学生只能"知识服从"而不能"知识探索"的环境。同时，教师还一定要具备丰富的跨学科知识，从而能够为学生提供更多的课堂有效信息量。通俗地讲，就是一个不说废话的课堂环境——总是反反复复讲些重复的内容或啰里啰唆没有联系的内容，显然是废话，而看起来天花乱坠、海阔天空，但实际上乱七八糟、毫无联系的内容也同样是废话。真正的有效信息量就是差别大而联系紧、用一个道理将所有的问题讲清楚的内容，也就是真正能够营造信息势的内容。

专业的民主环境，就是要求专业的课程设置能够在围绕专业主题的情景下，充分吸收各种相关学科的内容，而且给这些课程内容及其代课老师和核心课程内容及其代课老师平等的对话权力，而不是以强调专业为借口实施"专业暴力"，打压和排挤非核心课程的教学。同时，要求专业和非专业课程必须随时能够将最前沿的内容引入课堂教学，营造专业教学的有效信息量。

学校的民主环境，就是要求学校能够充分地营造百家争鸣、百花齐放的学术氛围，容许各种理论和观点的对峙和冲突，积极鼓励和支持交叉学科的研究和探索，而不是急功近利、只关注传统和所谓的主流文化学科，而排挤甚至打压现代性和非主流研究和探索，实施文化垄断甚至科学暴力！目前，许多学校强调开设的课程都必须是"成熟"的科学内容，以此作为开设传统的、陈旧的、无用的课程的逻辑根据，而将具有创新性的前沿性的课程拒之门外。

同样，对于一个组织和社会，重要的是组织文化和社会文化必须具有民主的氛围，使在组织及社会中的成员能够养育出"自由情荷"。在组织或社会受到环境信息强势的作用时，"自由情荷"可以迅速地一致协同行动，从而构建起"组织学习势"或"社会学习势"，使组织真正成为学习型组织，社会成为学习型社会，才能在竞争中不断创新，立于不败之地。

"自由"产生"有序"是事物发展的内在规律：市场自由就有了经济的有序流动，经济有了规律；电子自由就有了电荷的有序流动，电学有了规律；环境自由、社会和家庭民主，就有了"情荷"的有序流动，思维才能遵循规律。

三、剔除传统教育的伤害，规正素质成长的路径

当下，面对在传统文化和家庭环境中成长起来的、激情被压抑而情感缺失的"中庸"学生，怎样才能使他们孕育情商，从而在情商与智商及感性与理性的互动中成才，是教育必须关注的重要问题！势科学理论给出一个有效的解决路径：这就是除了坚持营造家庭民主、课堂民主、专业民主和社会民主的文化氛围，彻底剔除传统教育伤害的同时，还必须营造更加强大的教育信息势给予激励！正如

在物质世界中看到的：即使在不存在自由电荷的绝缘体情况下，只要给以足够大的外加电势，非极性的分子中正负电荷的作用中心就会发生相对位移，极性分子的"电偶极子"就会发生向外加电势的方向转向，称为电介质（绝缘体）的极化。当电势继续增加时，这些束缚电荷能脱离它们的分子而自由移动形成电流，在物理学上叫做"击穿"[14]；对于"中庸"的学生，当外在教育信息势达到某一临界值时，也会使他们原来处于"中庸"状态的感性与理性的作用中心发生相对位移，产生"情偶极子"。当信息势继续增加时，受束缚的"情荷"就会发生自由而有序的移动产生意识流，形成智慧。在教育学上就叫做"点燃"。

著名物理学家和教育家杨福家提出"点燃"的另一个意义，就是指教育必须使感性与理性的持续培育使其达到能够互动而产生"元势"的临界点状态。就是说，在学生很小的时候，就必须一方面关注孩子情感反应和鼓励孩子与外界的信息交流；另一方面注意孩子理性的发育和思维的逻辑培养。传统教育一方面要求孩子"守乖"，家里来人不能随便搭话等，严重影响了孩子的情感培育；而另一方面，总认为孩子太小还不懂事，遇到复杂问题不是认真地按照逻辑和问题存在的内在规律来解释，而是用一些毫不相干的话语来搪塞，就是我们常常看到的"大人哄小孩"。因此，既抑制了孕育激情的情感培育，又磨灭了认知逻辑的理性成长。所以，"点燃"的过程，就是要一边鼓励孩子与外界的情感和信息交流，一边将孩子当成大人教，无论多么复杂的问题，要一丝不苟地按照完整的逻辑和实际存在的道理讲给孩子，使他们在理解的基础上喜欢，喜欢的基础上理解。由此，喜欢而促进理解，理解后更加喜欢，从而走上感性促进理性，理性强化感性的良性循环、自我成长的发展轨道。这就是我们常常看到的许多优秀的学生毫无倦息地奋发学习，刻苦钻研的劲头一发不可收拾。这时的母亲总是催促孩子"早点睡"，而不会再抱怨他不下工夫。

著名的美国学者"遗传算法之父"约翰·霍兰（John Holland）在他的名著《涌现——从混沌到有序》中详尽地阐述了这种感性与理性的良性互动在生理学上的机制："当一个神经元被充分刺激时，它就被激活，产生一个电脉冲，这个电脉冲会沿着神经元的轴突扩展。轴突与许多其他神经元的树突相联系，称为神经元的突触。当一个脉冲到达突触时，会激活与它相接触的神经元。如果在很短的时间间隔内有足够的脉冲在一个神经元表面到达突触，这个神经元就会处于兴奋状态。如果人们跟踪中枢神经系统中的关系序列的轨迹，就会发现这个序列将形成一个回路，最后将返回到序列的初始点……因此，中枢神经系统会由于这些活跃的大量循环的脉冲而处于持续兴奋状态，即使在熟睡和没有意识的情况下也不例外。"[15]所以，真正被教育"点燃"的学生，即使在熟睡和没有意识的情况下，某些学习中的疑惑也常常会被我们称其为灵感的东西所启迪。而对某些问题的研究情有独钟的学者，可能都有类似的感受：常常是在某些无意识甚至睡眠的状态下突然获得灵感而使研究取得意想不到的进展。所以，感性和理性及情商与智商的彰显与互动是素质形成的基本路径。

四、信息人教育的案例分析——杨振宁的"爱"与"憎"

不同的人由于内在信息势的差异，"非平衡"的程度不一样，对于外在同样的信息势可能具有不同的敏感程度，因而受到"点燃"的程度不同，形成不同的兴趣最后产生不同的创造。有关这种被"点燃"的情感在学习和创新中的重要性，杨振宁说过："在每一个有创造性活动的领域里，一个人的爱憎，加上他的能力、脾气和机遇，决定了他的风格，而这种风格反过来又决定他的贡献。乍听起来一个人的爱憎和风格竟与他对物理学的贡献关系如此密切，也许会令人感到奇怪，因为物理学一般被认为是一门客观地研究物质世界的学问。然而，物质世界具有结构，而一个人对于这些结构的洞察力，对这些结构的某些特点的喜爱，某些特点的憎厌，正是他形成自己风格的要素。因此，爱憎与风格之于科学研究，就像他们对于文学、艺术和音乐一样至关重要，这其实并不是稀奇的事。"[16]

欣赏杨振宁对物理学及物理学家的情感表达，也许对每一个希望成才的学生都具有启迪意义[16]：

> 我对物理学的爱憎基本上是 1938～1944 年在昆明当学生时形成的。正是那些年月，我学会了欣赏爱因斯坦、狄拉克和费米的工作。当然，他们各自有迥然不同的风格。但是，他们都具有把一个物理概念、一种理论结构，或一种物理现象的本质提炼出来的能力，并且都能够精确地把握住其精髓。
>
> 相反，海森堡的风格不能引起我的共鸣。这并不等于说我不认为他是一个伟大的物理学家，我知道他的确是的。事实上，在 1942 年我学了测不准原理时，曾激动不已并有顿悟之感，但我不能欣赏他的研究

方法。

我很欣赏薛定谔探讨波动力学的研究方法。这或许是因为它与经典力学和光学的传统更吻合，或许是因为薛定谔的目标更为明确。总之，我发现波动力学是几何形象的。它更有吸引力，更容易被我接受。

第四节　学习素质的信息势基础和逻辑本质

在信息人社会，人才素质结构中最重要的素质，可能就是学习的素质，学习素质的具体表现是学习能力。无疑，在信息化催生的学习型社会中，人才或组织的学习能力是个人或组织成功的最重要的资本。学习能力有时也叫做"学习力"。有关学习能力的论著已有不少，但基本上停留在各位作者的个人感悟，没有一个学习能力的逻辑定义，就无法明确学习能力的形成机制，因而就无法提升个人和组织的学习能力。在势科学的视域中，学习能力本质上是"个人或组织具有的内在信息力"。实际上，人们对于不同的问题，其学习能力是不一样的，一些人对于这种问题的学习能力很强，一些人则对另一种问题的学习能力很强。应用势科学理论有关信息力学的原理（第 5 章公式（5.1））来仔细分析则可发现，学习能力的形成主要取决于两个要素：其一，学习者对有关知识的有序结构；其二，学习者对有关知识的兴趣。前者是指学习者对有关问题的具有"差别"的知识之间的内在"联系"的掌握程度，即原有知识的融会贯通程度，是一种内在的知识信息势。后者是指学习者对此种知识信息的情感阻尼（黏性），即对该类知识的喜欢程度。所以，在势科学理论基础上，我们可以给出学习能力一个科学的逻辑定义：学习能力是个体或组织具有的知识信息势乘以个体或组织对于该种知识信息的情感阻尼（情感黏性），即个人或组织具有的内在信息力。

由公式（5.1）

$$F = f \cdot M \cdot A = f \cdot M \cdot \mathrm{d}v/\mathrm{d}s = f \cdot M \cdot \mathrm{d}v \cdot \mathrm{d}l$$

式中，M 为信息阻尼，即被作用者在一定信息环境中对该类信息的情感黏性或情感依赖；A 为"信息"或"信息势"，一般指有效信息量 $A = \mathrm{d}v/\mathrm{d}s$；$\mathrm{d}v$ 为信息差别；$\mathrm{d}s$ 为信息距离；$\mathrm{d}l$ 为信息联系 $\mathrm{d}l = 1/\mathrm{d}s$。

忽略环境的不确定性系数 f，即认为学习环境是确定的，$f = 1$，得学习能

力为

$$F = M \cdot A = M \cdot \mathrm{d}v/\mathrm{d}s = M \cdot \mathrm{d}v \cdot \mathrm{d}l \qquad (7.1)$$

因为"$\mathrm{d}v \cdot \mathrm{d}l$"是个人原有知识的"差别×联系"，即内在知识信息势 A，M 是信息阻尼，即情感阻尼或情感黏性，对于学习者来说相当于对所学知识的兴趣，所以，学习能力＝情感黏性×内在知识信息势。

由此可见，学习能力或学习力是一种个体或组织具有的内在信息力。这与我们的学习和教育的实际经验是完全一致的：一个个体或组织对有关问题的已有知识的融会贯通程度越好，对有关问题的知识越有兴趣，对该种问题的学习能力就越强，学习效率就越高。

学习能力的逻辑定义给出了提高学习能力的科学的可操作途径：这就是除了不断培养个体或组织对有关知识的兴趣之外（这在很大程度上取决于个体或组织具有的文化背景、生活环境、民主氛围和当下接受的教育信息势），个体或组织还要经常注意整理已有的知识，特别是要在更高的抽象层次上来统摄原有的知识，使已有的知识形成一个具有逻辑结构的"框架"。这种框架结构也许具有不少"空缺"（既具有差别又联系紧密），但正是这种"空缺"的功能，使实际的学习过程具有一种"微缩海绵"的效用：一遇到水分（知识）就立刻吸收，而且吸入的成分是按照需要嵌入到合适的知识结构位置上，使原有的知识结构更加有序，进一步强化了学习能力，形成正反馈式的良性循环。而传统教育奉行的"知识基础要求扎实"的教育理念，则与科学的学习能力的形成机制恰恰相反。如果知识基础扎实再扎实到"铁板一块"，那将是"刀枪不入"，真正有意义的学习也就无法继续了。在扎实的"天衣无缝"的知识结构基础上的学习，只能是"强行塞入"，与自动吸入的结果完全相反：自动吸入的知识会"各就各位"，使原有的知识结构更加有序，从而进一步增强了学习能力；而强行塞入的知识则使原有的知识结构更加混乱无序，从而进一步损伤了学习能力。所以，按照势科学理论，在一定程度上可以说，"知识的重复往往是对智力的伤害"。在目前的教育体制下，许多小孩为了上一个名牌高校而不止一次地选择补习，从局部看完全损害了小孩的成长能力，从整体看如此多的"补习教育"抑制了许多人才的成长，极大地削弱了国家竞争力。所以，国家应该出台有关政策来取缔一切高考的补习教育。

第五节　个性化形成的作用机制

在没有物质力存在的原始真空中，宇宙是整体对称的。当大爆炸生产了四种物质力的时候，宇宙开始了它的个性化过程。因而个性化并不是人类的专利，就连树叶也找不到两片一样的。有一种力就有一种个性化，物质力生产了世界万物的个性化，信息力生产了人类社会的个性化。

信息场空间在几何上是一种泛黎曼空间，因而信息人的个性化与相对论描写的物质世界的个性化是一致的。本质上，个性化是局域化的极限，当局域化达到极致之时，就产生个性化。而局域化则是全球化的必然产物，这种宇宙的根本规律首先是由爱因斯坦的相对论揭示的。爱因斯坦的统一场理论就是物质世界的"全球化"（就是一种"格式化"：一种普遍的联系和作用）理论，其目标就是将宇宙万物的运动和变化置于统一的理论支配之下。然而，当他用他的"全球化"理论——广义相对论，将时空及物质统一起来时，却发现到处是局域化：为了表达宇宙受制于统一的物理规律（相当于统一的经济规律作用于全世界），坐标在每一点上都要特别地选择（相当于处于不同信息位置的组织和个人都要进行不同变换和采取不同的应对战略）。

为了理解物理空间的这种个性化规律，我们来想象一个站在电梯中的人，要把他与电梯之间的作用等效为一种物理规律的数学描述，就要让电梯以 9.8 米/秒的加速度下降，这时他的自由落体加速度与电梯下降的加速度相同，他与电梯之间的作用消失，而代之以捆绑在电梯上的坐标变换所等效。但这个 9.8 米/秒是在地球表面的情况，在空间的其他不同的地方等效的坐标加速度就是不同的数字。由此，当我们用一个统一的机制来考察物理空间的每一点时，都需要一个不同的坐标变换，而这种不同的坐标变换——局域化和个性化，正是应对统一的引力作用的全球化，即格式化规则的必然结果。

考察宇宙万物，应对全球化的战略实施过程正是局域化和个性化的过程。应对不同的"全球化"，产生了不同的局域化和个性化：为了应对强力、弱力作用的"全球化"，基本粒子不得不个性化；为了应对引力作用的"全球化"，宇宙天体不得不个性化；为了应对电磁力（太阳光）作用的"全球化"，动物、植物不得不个性化；同样，为了应对信息作用的全球化、经济规则的"格式化"，企业组织和信息人不得不个性化：必须培养出与众不同的创造性特点，才能应对全球化人才竞争的挑战。如果在更深层次上探讨这种作用机制，则是由数学的原理所规定的。从数学上的集合论及"群论"来看，你如果与别人只是相似变换、同构，必然要被约化掉。

为了搞清人的个性化，必须要研究信息的作用机制。在信息场空间中，信息人是信息空间中的"信息元（源）粒子"——接收信息、加工信息、创造信息、发射信息。当信息十分稀薄的时候，信息力作用微弱，信息空间是平直的，对称是整体的。这就是我们看到的在农业时代和工业时代的情景：所有农民一个样，所有工人一个样，行政格式化，经济讲计划，投资必回报，法律宪法化，制度命令化，管理行政化。当信息化到来时，信息的强大作用使信息空间弯曲（正像在引力作用强大的地方就会显现物质空间的弯曲），"地球变成了地球村"。我们就必须像爱因斯坦利用等效原理一样，在信息时空的每一个点上选择不同的坐标系（不同的观察方法和认识角度），进而用坐标变换替代信息力的作用（正像相对论力学用坐标变换代替引力的作用一样），使每个人都能在局域化的时空点上感到相同的信息作用规律，那么对称就必须是局域的，即每个人都必须利用自己所处信息位置局域化，从而应对格式化（格式化就是一种作用的普遍化，一种普遍的作用和联系就是一种格式化）的信息全球化和经济全球化。这种过程是"理性信息人"的本性。客观上，社会中每一个个体越是局域化和个性化，和别的个体的差异化就越大，互补性就越强，对别的个体就越有用。就像一个企业组织，其所具有的资产的专用性越强，和其他企业的互补性就越好，就能更加强劲地融入整个社会的发展之中。所以，信息全球化作用下的局域对称是产生经济文化的局域化和人的个性化的根源。另外，对现实的观察使我们清楚地看到，在信息人社会，广泛的交流和作用使人们对于幸福追求的活动范围受到限制，要不影响别人的幸福，个人的活动就要更加局域化，最后只有彻底的个性化，才能使大家都幸福。

正像物质作用是通过交换"引力子、光子、胶子、W 子"等发生作用一样，信息作用是通过交换真正的"信息子"发生作用。两个电子之间交换一个光子，告诉对方应该吸引还是排斥；两个信息人之间交换一个信息子，得知你是喜欢对方还是不喜欢。吸引和排斥构建了电磁场，喜欢和不喜欢构建起社会信息场。物理学家相信，对应量子力学的希尔伯特空间和对应相对论的黎曼空间和电磁场一样，都是一种规范场。信息化社会在全球化的同时日益发展的局域化和个性化特征，使我们有理由相信，信息场也是一种规范场。

局域化与个性化的逻辑本质是力的作用机制。美国物理学家阿·热指出："在没有电磁性的作用中，该对称（指与电荷守恒有关的对称）就不会是局域的。……魏尔的局域对称把光子（电磁作用）强加在魏尔身上，局域坐标不变性同样把引力子强加在爱因斯坦身上。假设我们从未听说过引力，但是决意要求世界的作用在局域一般坐标变换下不变（即对称），那么我们会发现我们必须发明引力。"[17]同样对于当下的经济全球化和信息全球化，假设我们从未听说过"信息力"，但决意要保持新经济局域变换和局域对称性特征，即要求全球经济作用和信息作用在局域一般规则格式化变换下不变，我们就必须发明"信息力"。全球化时代的局域对称性同样把"信息子"强加在全球化时代的人们身上。

信息人的个性化机制，从宏观信息力学来考察，也是两个信息人向量在信息场中按照向量的叉积和点积规律作用的结果。当与外界环境发生作用时，如当组织的生存受到危险时，组织内两个信息人向量形成点积产生合向量，表达着两个人齐心协力应对环境的挑战；当两个信息人互动发生内部作用时，如内部的信息互动和交流，两个向量形成叉积（图7-1），按照叉积作用的先后顺序，根据右手螺旋定则，可以分别判断其作用向着两个相反的方向延伸，表达着个性化对称的过程。由于叉积作用产生的两个相反的向量与原来两个信息人向量构成的平面垂直，因而也与原来两个信息人向量的方向垂直，所以叉积的结果产生的素质成

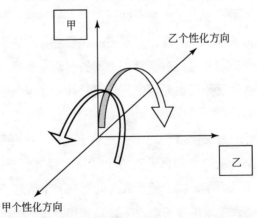

图 7-1　系统内在宏观信息作用中的个性化机制

长的个性化效应与原来两个信息人的个性方向不一致，从而叉积相互作用的结果（就是两信息人交流的结果）改变着每一个信息人的个性。具体说，甲对乙的作用改变着乙的个性，乙对甲的作用改变着甲的个性，而改变的方向是相反相成的，即对称的、互补的。这也就是我们常常看到的两个长期在一起的女孩，一个就会更加刚强一些，而一个则会更加柔弱一些，甚至一个会变得更加男性化的根源。当然，从另一方面看，也是势的基本运行机制所致：差别促进联系，联系扩大差别。

当然，信息人的个性化机制，还可以从生物演化的历史来考察。同样一个太阳普照大地，连两片一样的树叶也找不到。不但是树叶，在同一个太阳的普照下也找不到两个长相一样的动物和一样的人，这是人的第一次个性化——电磁力作用下的生物个性化。在统一的全球信息化作用中将催生人类的二次个性化——信息力作用下信息人的个性化，即信息营养催生的人的个性化。一般来说，当食物营养匮乏的时候，动物就是多面手（全面素质），当食物营养丰富的时候，动物就会个性化；当信息营养匮乏的时候，人类就是多面手（全面素质），当信息营养丰富的时候人类就会个性化。例如，北极熊就是"全面素质"（多面手），什么都敢吃，吃什么都能消化。因为在北极，食物营养太匮乏，不吃就活不了。而大熊猫却很个性，因为它可以吃的东西太多，可选择的食物太多，从而什么好吃就吃什么，由此而形成个性化。人类也一样，当信息营养匮乏的时候（没有商品交换的自给自足的年代），一个妇女必须从种棉花开始，然后是纺线、织布、印染、裁剪、加工，最后还可能要绣花，她既是农民，又是工人、工程师，还是艺术家，这才是真正的全面素质。这在自给自足的时代，是普遍的社会现实，因而人人都是全面素质。而在分工越来越细化的信息人社会，信息的极大丰富，使每一个人都面对着无数的信息选择，可以完全依据自己的爱好和特长来吸取所需信息，进而加工创造来张扬个性，铸造自己的个性化。

由此可见，信息人社会的个性化机制，至少可以从四个方面得到阐述：其一，等效变换；其二，信息人向量的叉积；其三，信息势的运行机制（差别促进联系、联系扩大差别）；其四，从生物个性化的食物营养到信息人个性化的信息营养的发展过程。四个方面在本质上是一致的，都是基于信息相互作用的势科学过程。

第六节　感性与理性的彰显与互动是
信息人成长的根本动力

学生学习的真正动力，来自感性与理性的互动。从小关注情感成长和培养逻辑思维是启动感性与理性互动机制的关键，这种情感关注和逻辑培养达到一定的临界点，感性与理性的互动机制就被触发（杨福家称做"点燃"）。在本章第三节"外势激励内势，情商决定智商"中，我们已经初步叙述过有关感性与理性的互动过程。为了在势科学理论基础上彻底揭示人才成长的根本动力，我们需要在更深层次上探讨感性与理性的互动机制。

实际上，人们往往是首先因为喜欢才可能理解。同样，只有理解才能更加喜欢。从而喜欢促进理解，理解就更加喜欢，由此构建起由喜欢和理解相互彰显的动力机制，成为学习过程内在的推动力。所以，我们常常看到，好学生是用不着督促的。这种学习成长的动力本质上来自另一个比知识层次更高的层次——内在的情商与智商的层次上势的运行机制（情商与智商之间的差别促进联系，联系扩大差别）。势运行的这种"正反馈"效应是一切成长和发展的共同逻辑。感性与理性的互动使感性越感性，理性越理性，以致感性与理性都达到极致，形成对称构成"元势"，成为人才成长的原动力。

感性和理性差别最大而联系最紧，统一于同一个社会个体中，形成极性，构成"情偶极子"（犹如物理中由正负电荷构成的"电偶极子"和由束缚电流或原子电流引起的"磁偶极子"），产生最基本的"元势"，成为社会个体成长的内在动力。感性和理性的张显和互动，是西方文化场域中社会个体的基本特征，也是西方产生宗教与科学的原初动力。著名的"李约瑟之谜"研究科学为什么发生在西方而不是东方，结论是西方人是理性的，东方人是感性的，这种将理性与科学简单等同的观点显然是肤浅的。实际上，科学发生在西方而不是东方的根本原因，在于西方人既感性又理性，表现为感性与理性的张显与互动，构成了个体及文化整体发展的基本动力——"元初大势"。而传统东方文化则既不感性又不理性，讲究感性与理性的中庸，以致使个体成为一个没有极性、没有棱角、没有梯度和方向的"生物人"，中看不中用，社会个体和文化整体均处于一种没有极性的无序混沌状态，由此导致对外在信息的无感觉、无意识。就像余秋雨先生在凤凰卫视《世纪大讲堂》节目（2007 年 11 月 4 日）中，作《全球化视角下的中国文化》的演讲时所说：中国人对"数字信息无意识"而"不在乎真假"，对"公共空间无知"而"不在乎公德"，对"信息争议无意识"（面对人事问题无争议是文化标准）而"不在乎创新"，根本上难以生成发展的势动力。

笔者常常思考这样一个问题：也许，孔子当年讲究"中庸"是因为不像老子那样勤于思考而勇于探索，看看那些思想懒惰以及略有"智障"的人，都是很容易做到"中庸"的，只要"昏昏沉沉"就必然会"庸庸碌碌"，而要有激情，则需要理解与思考！如果我们再剖析一下"忠"和"孝"，就会发现一脉相承，都是思想懒惰或略有智障的必然产物。为什么逻辑理性可以强调"爱"和"激情"，而孔子却只能强调"忠"和"孝"呢？因为激情和爱需要理解和思考（俗话也说"没有无缘无故的爱"），而"忠"和"孝"省事，既不需要理解，又不需要思考！

西方的理性本源不言而喻，而西方的感性彰显我们更有领教。看看那些经典的西方小说和电影，动不动就为爱情或别的什么而"决斗"，这几乎成为西方文化的常态。东方文化的理性缺失众所周知，做事"摸着石头过河"、凭感觉，关系和人情是行动的指南。2007 年，股市上证指数已达 6000 多点，市盈率已经达 50 多倍还在猛涨；而当经济形势不是太好的时候，如即使在美国"次贷"危机导致的金融风险形势下，美国股市到 2008 年 6 月，也只不过下跌了 15%，而中国股市只有短短几个月时间，就从 6000 多点下跌到 2700 多点，下跌幅度超过 50%……无论是股市的大起大落还是开放前制度的忽左忽右，无一不是非理性所使然。另外，传统的孔子文化又更加抑制人的感性，讲究"中庸"、讲究"天动地动心不动"是处世的核心价值观，如此才是有"城府"、能成大事，动不动就激动是"无能"的表现。所以，"决斗"这种事在东方文化的场域中是不可理解的，"留得青山在，不怕没柴烧"才是东方文化的生存信仰，而"好死不如赖活着"也几乎成为世俗的人生哲学。可想而知，一个人不激动，一个民族不激动，中华民族如何参与世界的全球化竞争？

看看那些创业成功的"80 后"，哪一个不是激情澎湃。看看那些 IT 行业的白领，哪一个不是废寝忘食，甚至不吃不睡被人们称为"拼命三郎"、"亡命之徒"。所有这样的工作状态，既不是来自制度的要求，更不是来自领导的指使，而恰恰是来自内在激情的驱动。如果说，过去面对记忆性的学习和操作性、经验性的工作，有没有理论不伤大雅，爱不爱也无关紧要，则信息人社会面对创新性的学习和任务型的、创造性的工作，没有理论则无法应对，而没有激情和爱则万万不行！所以理性与感性、智商与情商、理论与实践的互动和彰显既是人才成长，也是事业成功的根本动力。

参 考 文 献

[1] 爱德华 O 威尔逊. 论契合：知识的统一. 田洺译. 北京：生活·读书·新知三联书店，2002：260，261

[2] 刘旭东. 论教学理论的重建. 高等教育研究，2002，（3）31~35

[3] 郝德水. 教育学面临的困境. 高等教育研究，2002，（4）：23~27

[4] 高德胜. "不对称性"的消逝——电子媒介与学校合法性的危机. 高等教育研究，2006，27（11）：11~17

[5] 贾汇亮. 试论教育评价的未来发展走向. 教育理论与实践，2003，（22）：20~22

[6] 戴维·玻姆. 整体性与隐缠序——卷展中的宇宙与意识. 洪定国，张桂权，查有梁译. 上海：上海科技教育出版社，2004：62，63

[7] 万中航等. 哲学小词典. 上海：上海辞书出版社，2003：382

[8] 刘玉仙，顾琛. 混沌信息空间信息组织面临的挑战和机遇. 情报科学，2004，22（6）：668~671

[9] 陈克晶. 一种统一的进化学说——耗散结构理论概述. 武汉：湖北人民出版社，1989：27~30，75~79

[10] 李德昌，田东平，薛宇红. 素质与序秩——基于耗散结构理论的教育学原理探析. 系统科学学报，2006，14（2）：71~74

[11] 王义遵. 对深化文化素质的再认识. 中国高等教育，2001，（7）：19~21

[12] 宋毅，何国祥. 耗散结构论. 北京：中国展望出版社，1988：72

[13] 黎鸣. 恢复哲学的尊严. 北京：中国社会出版社，2005

[14] 冯慈璋. 电磁场. 北京：高等教育出版社，1983：23

[15] 约翰·霍兰. 涌现——从混沌到有序. 陈禹，任赫，谷明洋译. 上海：世纪出版集团，上海科学技术出版社，2006：22，23

[16] 杨振宁. 杨振宁文录. 海口：海南出版社，2002：26，27

[17] 阿·热. 可怕的对称. 荀坤，劳玉军译. 长沙：湖南科学技术出版社，2001

第八章 势科学视域中的创新机制

——信息人创新的动力学机制

无论对于教育、管理还是社会问题，"创新"都成为时代关注的关键词，特别是在高等学校，创新及创业教育正在成为教师和学生追逐的热点。可是创新究竟是怎样发生的，传统社会为什么不能创新，信息化时代为什么成了创新的时代，人才和组织乃至科学与社会如何才能持续创新以推动个人、组织以及科学与社会的持续发展，是本章所要研究的主要问题。

第一节 创新的内在逻辑

一、创新的内在机制是系统信息强势作用下的非平衡相变和非线性分岔

在势科学理论基础上，可以给出创新的逻辑定义："创新是系统信息势达到某个临界值时发生的非平衡相变和非线性分岔。"例如，当电势（电压）不太大时，电压、电流的作用是平衡的、线性的，电压增加一倍电流就增加一倍；雷电发生时的产生高电势，放电产生的闪光就出现像树枝一样的分岔机制，那就是系统内在的创新（非线性分岔）。而且大的分岔大约有30%，小的、萎缩了的分岔有70%（使我们感到惊讶的是，如果你捡起一只树枝数一数，也必然得到同样的结论。我们无法不相信物质世界、生命世界与人类社会的内在统一）。而且这与实际的创新创业只有30%成功，70%落败为风险（风险投资的规律）完全一致，如图8-1所示。

势达到临界值的信息空间实际上是一种混沌态的非线性空间。刘玉仙和顾琛指出："在混沌信息空间里，事物间的联系不是线性的、简单的，而是复杂的、众多的因素非线性地发生作用，并因此导致一个不可预测的结果即创新，所以说混沌信息空间本身就具有创新的特性。"[1]

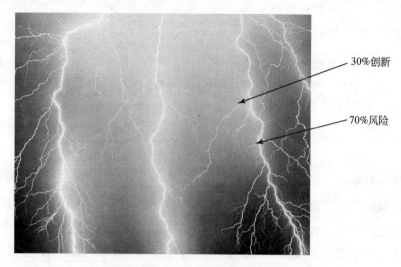

30%创新

70%风险

图 8-1　高电势产生的放电闪光分岔：创新与风险的逻辑
机制图示：30% 创新，70% 风险

　　实际上，由势所推动的这种创新的内在机制，智慧的中华民族早有直觉，传统文化中有关势的论述，形象地描述了创新发生的逻辑过程，这就是：蓄势待发→势不可当→势如破竹→创新分岔。

　　"蓄势待发"是信息的积累和融会贯通过程，即组织或个人的有效学习（有效学习指学习过程是融会贯通的）过程；"势不可当"是信息在积累和融会贯通中信息势不断增长达到临界值时的状态，这时组织或个人产生了种种新的发展的有效选择，而且信息势达到了"势不可当"的选择态势；"势如破竹"则是组织或个人具体实施选择，即创新的过程，这时的创新已经"水到渠成"，新知识"势如破竹"般地涌现，显现出选择创新后的新局面，即创新分岔。

　　各种创新产品的不断上市，显然是科学技术的不断发展，使科技信息势越来越大进而达到某种临界值后的相变和分岔；各种新职业的不断涌现，显然是经济生产的不断发展，使不同的经济成分差别越来越大、联系得越来越紧，从而使经济信息势越来越大，进而达到某种临界值使分工产生的相变和分岔。不仅如此，在表达个人能力的素质层次上，社会交流和竞争的发展，使人们之间的差别越来越大、联系越来越紧，人们接受的信息的差别也越来越大、联系越来越紧，从而使个人成长中的信息势越来越大，进而达到了分岔和相变的临界值，致使传统素质的"德、智、体、美"对称发生破缺，产生相变和分岔，形成新的对称：

"德"分裂为"进取"和"为善"的对称，"智"分裂为"理论"和"实践"的对称，"体"分裂为"身体强壮"和"心理健康"的对称，"美"分裂为"竞雅"和"随俗"的对称。由此，素质评价的四维标准相变和分岔为八维标准，传统的以"爱"为"恒等元"的"德、智、体、美、爱"五阶和谐素质泛群分裂为现代以"爱"为"恒等元"的"进取、为善、理论、实践、身体强壮、心理健康及高雅与随俗、爱"九阶和谐素质泛群（详见本书第九章：势科学视域中的和谐素质）。

应用势科学的基本原理来分析当今社会的种种问题和现象，则可以发现，营造信息强势是一切创新和发展的共同机制。创新，简单说就是想法多，什么人想法多？钱越多势越大想法越多，想干的事越多；权越大势越大想法越多，干什么都能干成；知识越多势越大想法越多，干成事的方法越多。没钱没权又没知识可能就没想法了，因为有钱有权有知识的人能够作为创新干成的事，对他来说可能都是风险。然而，不能忘记信息人是六维的，"钱"、"权"、"知识"是可以测度的三维显势，能够显而易见地用来创新；而三维难以测度的潜势"情感"、"艺术"和"虚拟抽象"，虽然不能直接用来创新，但这种潜势潜移默化的积累到一定程度就会显化为知识而实现创新。例如，对于情感势来说，一个人若能对喜欢的某些事—如既往、持之以恒地倾情关注，就可能将他人不能发现的差别巨大的事物联系起来，进而发现规律抓住机遇，实现创新（详见本书本章第三节）。

二、量子势产生量子化是时代创新更加内在的机制

信息化社会，创新与分岔的另一个重要根源在于信息不对称导致的关系不对易而产生的量子势。洪定国教授指出："量子势是一切量子效应的唯一缘由。"[2]创新的内在机制，不但来自经典势产生的非平衡相变和非线性分岔，而且也来自量子势产生的量子化。物理学中的"量子霍尔效应"提供了一个直观的模型：当通有电流的导体或半导体置于与电流方向垂直的磁场中时，在垂直与电流和磁场的方向上的物体两侧之间会产生一横向电压，这种现象称为霍尔效应。横向电压与电流之比叫做霍尔电阻。1980年，德国物理学家冯·克里青（L. V. Klitzing）在强磁场，即强磁势下研究霍尔效应，发现霍尔电阻与磁场强度（磁势）不再是线性关系，而是随着磁场强度的增大作台阶式的变化。电阻平台的高度与物质特性无关，它是量子化的，只能取一系列整数值，故称为量子霍尔效应。

冯·克里青凭借这项发明获得 1985 年诺贝尔物理学奖。

在信息化社会，信息不对称导致了种种关系不对易（通俗说就是"你找他和他找你不一样"），产生了社会量子势（一般说来，对两个联系紧密的对象之间的差别，两个对象的判断是一致的，构成经典势，如果两个对象的判断不一致，就产生量子势），从根本上催生了社会的量子化，成为许多不可观测的具有内在几率性结构的创新和风险的内在根源。社会量子势产生的内在创新与风险机制是一个深刻的与量子力学理论和思想有关的问题，虽然需要许多专业的知识铺垫才能得以逻辑化的理解，但与我们日常的概念和感悟也不是毫不相干的，其中一个可嵌入性的概念是"机会效应"。简单说就是，一个按照一般规则是不可能成功的事，但由于某种"机会效应"就可能成功了。按照量子力学的说法就是，一个小于量子"势垒"能量的粒子也可能越过"势垒"。有关社会量子化的内容参见本人著作《信息人社会学——势科学与第六维生存》（科学出版社，2007）和本书第五章第三节信息作用的内在机制。

第二节 创新的时代特征

一、时代创新的本质是信息化和先进的制度化将不同的资源要素紧密地联系起来营造强大信息势

传统社会难以创新的根本原因在于传统社会是一个物理阻隔、信息阻隔、技术稳定、产品单调、消费不变、心理趋同的社会，即一个自给自足、几乎没有交换而联系松散、差别微小、社会信息势极其微弱的社会，保持着平衡线性而没有相变和分岔的社会。

信息人社会成为一个创新的社会的本质在于信息化催生了全球化。全球化的本质是用同一种信息将世界不同文化的人们紧密联系起来，以统一的标准和统一的"游戏"规则将差别巨大的区域经济及生产要素紧密地联系起来。紧密的联系产生强烈的作用，使各区域经济的个性化差别更加显著，越来越紧密的联系加上不断个性化的差别，全球化营造着双向增强的信息势，将信息人社会的各个领域推进到"非平衡非线性作用"的临界值，各种各样的"非平衡相变"和"非线性分岔"自然而生，创新成了时代的主题，推动着世界经济的飞速发展和人类文化的日新月异。

　　适应全球化浪潮的趋势，中国采取了让一部分人先富起来的政策，在体制内部营造了信息强势。当大家都一样贫穷的时候，人们之间既没有多大差别，也没有更紧密的联系。"货币信息等位"使个体之间的联系和耦合松散，谁都不可能依赖谁，谁也不可能吸引谁。当有一部分人先富起来时，富起来的和贫穷的之间有了货币信息的差别，产生了"货币信息梯度"。货币信息的格式化功能——货币信息是一切有意义事物的价值尺度和衡量标准，它使人们在信息心理上产生了耦合、交流、协作的冲动和欲望：富人希望与穷人合作，一方面使财富显示荣耀，另一方面又能使财富发挥更大的作用并且在雇佣劳动中增殖；穷人也希望与富人结伴，在富人的投资中就业，并且寄希望于获得机会脱贫致富。所以，货币信息带来的差别没有使人们之间的联系松散，反而使人们之间的耦合紧密，而且在紧密联系和耦合中，不同等的劳动和不对称的信息交流（信息作用）又使穷人和富人之间的差别进一步加大。如此螺旋式循环，信息势越来越强，经济发展就越来越快。同样，信息全球化和经济全球化使世界范围内的贫富差别、文化差别甚至资源差别越来越大的同时，也使世界人民的联系越来越紧，而在这种联系中的交流（信息作用），又使世界范围内的贫富差别、文化差别和资源差别进一步加大，世界范围内的分工更加细化和专业化——其表现形式就是各种形式的创新和创业，从而推动着生产效率的不断提升。所以全球化必将使全球信息势越来越大，推动力越来越大，创新分岔越来越多，世界经济发展将越来越快。

　　保持政策和制度的先进性、连续性和稳定性是公共管理营造信息强势的根本途径。因为只有政策和制度的先进性才能赢得民意，才能将更多的人联系起来营造行政信息势，而政策和制度的连续和稳定则能将社会不同领域的发展有力地统一起来，将每一领域中各个阶段和各个环节的发展紧密地联系起来，营造一种行政和政策信息上的信息梯度、信息导向，产生强大的行政信息势，推动各个领域的创新和发展。如果政策和制度不够先进而不能赢得民意，民众必将涣散而不能形成势。如果政策和制度不连续、不稳定，一会儿这样，一会儿那样，行政信息就失去连续性。没有内在联系的信息导向就无法形成信息梯度，不能造就信息势，就无法推动社会的可持续发展。

　　目前，公共管理的一个重要方面，是解决农村和城市的二元结构。我国农村和城市的二元结构成了信息不能连续贯通的最大障碍，因而从根本上影响了国家整体的信息造势。只有将二元结构一体化，信息才能连续，不同的社会信息要素才能更加紧密地联系起来，营造更大的信息强势。中国经济的可持续发展，迫切需要解决中国城乡的二元结构，然而社会问题和体制习惯产生着严重的阻碍，正如经济学家所说的：农村问题是经济接纳，社会排斥。

成都市推行的城乡一体化规划战略，是发展中营造信息强势的极好实践。其主要内容是三个集中：企业向产业区集中，增强了企业之间的联系，同时促进了企业之间的个性化差别，营造了行政信息势；土地向规模化使用集中，增强了土地的统一（联系）使用，同时促进了多种经营，营造了制度信息势；人口向城市集中，增强了个体之间的联系，同时促进了人的个性化和专业化发展，营造了创新创业的信息势。所以"三个集中"在人口、资源和产业三个方面营造了强势。加上农村征地人口的社会保障体系的建立，将农村人口和城市人口一体化，造就了一个从城市到乡村的一体化发展的行政信息强势。

在同一个时代开放的深圳和厦门的发展现状，也提供了一个制度创新推动发展的极好案例。深圳发展得如此迅猛，而厦门却远远落后。同是沿海地区，为什么如此大的差别，就在于当初厦门和深圳与香港和台湾的经济差别大致一样的情况下，深圳离香港距离小联系紧，经济信息梯度大，经济信息势大，动力强劲，必然发展迅猛；而厦门则离香港的距离太远，联系松散而形不成信息强势。设想一下，如果我们能将与厦门相邻的台湾一体化，将台湾与厦门的巨大经济差别联系起来，必将营造强大的信息势，则厦门的发展将不言而喻。

二、广泛的各种交流营造持续增长的信息势，为创新提供着不竭的动力

21 世纪网络的迅猛发展，成为人类梦想追踪上帝步伐的一个重要途径——手指一动全世界就连在了一起，产生着几乎接近上帝那样的无所不知的效果——互联网络营造了前所未有的信息强势，对年轻一代（信息人）的吸引力前所未有。实际上，每一种新的交流方式的诞生，都营造新的信息势，提供新的动力机制，从而有力地促进生产和社会的发展：地中海水路交通——"水网"的兴起，将古希腊周围不同文化的人们紧密的联系起来，产生了文化信息强势，催生了古希腊文明的诞生；各国公路交通——"路网"的发达，将内陆不同民族的人们紧密的联系起来，造就了新的信息强势，催生了工业文明和商业文明；电报、电话交流，即"电网"的发展，进一步增加了全世界各民族的联系，造就了更大

的信息强势，带来了世界经济的繁荣；"互联网"的诞生，彻底突破了传统物理时间和物理空间的障碍，催生了一个被称为"超文本"化的"赛博空间"，只要你输入一个与你的核心主题相关的关键词，各种"连接"和"超链接"将各种有关的问题和讨论及研究信息即刻汇聚起来，唯一重要的就是个人对信息的融会贯通的能力及驾驭和统摄这些信息的水平和能力，形成对每一个人原有知识结构或内在信息势的真正挑战。"赛博空间"将全世界人民连成一体，造就了前所未有的信息强势，提供了无与伦比的动力机制，必将催生更高层次上的创新和发展。

从水网、路网、电网和互联网不断营造的信息强势中，全世界的人口交流、商品交流、信息交流和文化交流迅猛发展（在位势大的地方，水也流动得又急又快）。然而，频繁的交流又使差别越来越大，进一步增强了信息势。这种循环往复、螺旋式增强的信息势的运行机制，为全人类的创新和发展提供着不懈的动力。

除了水网、路网、电网和互联网之外，"诚信网"是信息人交流的根本基础。美国经济几十年的持续发展，除了得益于各个方面的迅速流动，企业及个体之间的诚信网络是一个重要方面。中央电视台报道，2005 年，美国企业之间的负债时间平均只有几天，而我国企业间平均负债 90 天。由于信用的缺失，企业间的持续负债大大阻碍了企业之间的联系和交往，削减了企业整体的发展态势。

在科技领域，创新的一个重要方面来自学科之间的交叉和交流，学科交叉的本质是在更深的层次上将差别更大的不同事物联系起来，将差别更大的不同问题联系起来，甚至将差别更大的不同机制联系起来，营造着更加强大的科技信息势，催生更多的技术分岔，社会层面上的表达就是科技创新。

第三节　创新与可持续发展

一、信息化为人们搭建了创新的平台

实际上，网络化和信息化为我们提供了各种各样寻找联系和加强联系的工具，营造了一个人人可以创新的平台，创新不再是学者的专利。说句风趣的话，在信息化这个平台上，人们只要倾情关注、一如既往，真有可能"一不小心就创新"！

乍看起来，在能不能创新的问题上，人们在不同的领域差别很大。同一个人，在某个领域可以连续创新，而在别的领域则一事无成，而另外一个人则可能恰恰相反。归根究底在于不同的人由于个人爱好、兴趣特征和知识背景的不同，对于不同领域的留意和关注程度不同，长期的留意和关注就会抓住某些有关细节的信息。正是这些细节信息将差别很大的问题和事物紧密地联系起来，营造了信息强势而产生了创新。著名数学家陈生省在微分几何领域的成就举世闻名，然而他说自己对音乐没有感觉，跑百米不如女生。而且面对记者采访交流之际，他说："自己此时此刻脑子里想的还是数学。"在2007年11月中央电视台音乐频道出的《寻找贝多芬》的节目中，新东方的徐小平说，像贝多芬这样的人，不可能去休闲打高尔夫球。著名围棋大师聂卫平说，这些人不可能有什么业余生活，就像他下棋一样，无论什么时刻想的都是棋。"80后"的亿万富翁大约三分之一没有大学学历，以致马云在"赢在中国"的创业大赛中点评时说"创新与学历无关"，重要的是持久的激情。这些话虽然有点偏颇，但的确表明了创新的根本就在于持之以恒的激情和一如既往的倾情关注所营造的信息强势和情感强势。爱因斯坦作为一个非专业研究的业余人员，可以作出人类最伟大的科学创新之一"相对论"，在于他无论在何时何地都想着"人们要是能够追上光速的话将会是什么样子？"所以，观察一个人能否成功，不能看他上课的时候学什么、上班的时候、干什么，更主要的是要看他下课的时候想什么，下班的时候干什么以及所有业余时间想什么、干什么。就像我们看一个人生活的质量，不能看他上班时候的状态，要看他下班的时候和所有业余时间的状态。

实际上，从打工仔到博士，人们的创新在不同层次上进行。无论有没有学历，你只要一如既往、持之以恒地倾情关注和分析探索某些事或问题，别人找不到的机制你就可能找到了，别人联系不起来的事物和问题你就可能联系起来了，别人发现不了的规律你就发现了，因而别人干不成的事你就可能干成了，这就是创新。由此看来，那些学历很低的房地产富翁的成功就不是无缘无故的了。房地产大腕潘石屹说，他在北京初期盖房时，总在晚上到某些个高地寻找那些灯火明亮的区域，作为未来发展的好地方。显而易见，做这种事可能用不着博士。

势科学理论的高度抽象，使神乎其神的创新概念还原了它简单的本质：一个人有干不完的事，是因为他的"势大"，分岔多、相变多、创新的路子多。所以，我们常常看到，有钱的人忙得了不得，官大的人忙得了不得，知识多的人（院士、科学家、长江学者、学术带头人等）忙得了不得，关系多而且倾情关注的人（情感信息势大）忙得了不得，艺术家（艺术信息势大）忙得了不得，IT从业者（虚拟信息势大）忙得了不得。试问忙的人为什么忙，是因为势大以后他与环境的信息作用成为非线性和非平衡，出现许多相变和分岔（钱多了就坐不住，官大了就要指挥人，知识多了就要想问题），实践中就表现为有许多事需要干，而且这些事都能够干成，会带来效益成为创新。试问闲的人为什么闲，是因为自身占有的各种信息量太小势太小，与环境的信息作用是平衡的线性的，实践中就表现为没事干，如果硬要"没事找事"，不但可能干不成，而且会受到损失成为风险。所以，信息化时代的六维信息人，占有的信息量大、信息势大、分岔多、相变多、创新多。所以，信息化时代成了一个创新的时代。

二、科学化与信息化为创新提供着不竭的动力　人类社会的可持续发展不言而喻

科学化和信息化发展到今天，人类社会的可持续发展将是不言而喻的。科学化营造着二维信息强势：一方面科学的专业化发展使差别巨大的各种事物或问题在纵向上联系得越来越紧密，造就着纵向上的信息强势；另一方面科学的交叉性和融合性发展使差别巨大的事物或问题在横向上联系得越来越紧密，造就着横向上的信息强势。信息化也营造着二维信息强势：一方面信息化使技术和各种交流突破空间的隔阂，将全世界紧密地联系起来，在物理空间上造就了信息强势；另一方面信息化使技术和各种交流突破时间的障碍，越来越可能实现紧密的同时性联系的同时，又使区域差别越来越大，在物理空间和时间上造就了信息强势。科学化和信息化造就的四维信息强势推动着时代进入非平衡、非线性社会，为创新提供着不竭的动力，因而非平衡相变和非线性分岔将成为时代创新的基本特征。科技创业、教育创新及管理创新将是发展的基本模式，人们担心的环境问题、能源问题都将在连续不断的、越来越快的创新中迎刃而解，过去由于技术的长期稳定带来的生产收益的边际效应导致的不可持续发展的时代将一去不复返。

第四节　学习创新的动力学机制

创新素质是在创新性学习中养成的，研究创新性学习则需要考察学习的一般方式。

从思维认识的角度来看学习的方式大体有三种：其一是主动思维的学习方式。例如，由某种好奇心提出问题，然后根据已有的知识和经验思考发现新的知识。其二是引导思维的学习方式。这就是一般看书思维的学习方式和听传统式讲课的思维学习方式，由书中的文字符号或教师照书本的引导激发思维，从而将有关符号信息与原有知识接轨获得新知识；其三是被动思维的学习方式。例如，看电影和电视，看什么才想什么，结果想到的和看到的都是导演所想的，被动地跟着导演的思维走，不能焕发原有的知识和经验主动参与学习信息的作用，所以很少能有什么真正创新的学习效果。

一、学习方式的作用机制

我们也许可以从小说和电影，戏曲和歌剧，照相和绘画等的比较中来体会学习过程的作用机理。看小说相当于引导性学习，通过文字符号的引导，唤起已有的知识、经验与小说的内容相互作用，在内心环境中自主导演出各种情景，从而使看过的小说能够经常历历在目，而不像看过的电影很快就想不起来了。电影创造的环境及本身的演艺模式与生活太接近，不能造成某种反差刺激思维来参与作用，也就是说不能营造大的信息势来推动思考产生在学习过程中具有核心意义的"意识流"。而歌剧及戏曲则不一样。歌剧及戏曲的道白强调了语言的艺术，歌剧及戏曲的唱腔融合了音乐的内力，歌剧及戏曲的动作则讲究"装腔作势"，这种种舞台氛围造成与生活的反差刺激思维进行抽象作用，从而使人们可以展开想象，根据以往的经验和知识求新求变，形成类似与主动思维的学习效果。所以如果你真的去看歌剧及戏曲，你会比看电影学到更多的东西，这也就是多年来电影代替不了歌剧及戏曲的根本原因；同样，欣赏漂亮的相片不如欣赏粗糙的画像，因为前者只是现实的翻版，后者则融会了画家的智慧，更强调了人物及环境的个性，与现实差别大而与生活联系紧，营造了强大的视觉信息势。所以，看画像才能更加激发你的思考，强化和更新你的知识。

从培养学生创新能力看，不依赖于看书和听讲，而由激情或好奇心提出问题，进行主动思维探索的学习方式可谓是一种上好的学习方式，其信息势作用的本质就是主体与客体的互动，已知与未知的碰撞，心灵与智慧的升华。它主要用于特别"质化"的知识的学习中、用于对于一般知识的反思中、对于在更深和更高层次上将知识进行归类、融通、组合、创新的学习中。

引导思维的学习方式，即一般看书学习和听讲学习，则用于一般"量化"的记忆性知识的学习中，如各门具体课程的学习中。然而在此过程中要在某些关键点上结合于主动思维的学习方法，才能使整个课程的学习更加有效。

被动思维的学习方式，即看电影、电视和录像、多媒体课件等，可用于一般的了解性、观光性、非正式性学习中，可作为常规学习的补充。当然若能在其中结合主动思维的学习，抓住片中的某些信息，反思和探究，也可产生出创新的效果。

所以主动思维的学习方式是学习过程的核心方式，对于创新素质的培养是一种上好的学习方式。

二、热爱产生创造性学习

热爱不但是学习的根本动力，而且热爱也产生创造性学习。人们在"爱"的主导下，会将三种学习方式自然而然地组合起来，创造性地产生出有效的综合性学习方式。在热爱的过程中，探究无门、思考受阻的时刻，就会去有效地搜索有关信息，或者看书，或者翻阅资料，或者网上查询，而且所有搜集到的差别巨大的资料信息可以在爱的"主题"，即朱小曼等论证情感教育时所说的"情感定向"主导下有效地联系起来，形成强大的信息势，使思维产生相变和分岔，从而实现学习过程中的创新。而且在热爱的过程中，以往被动的电视、电影、多媒体课件、一般的网络浏览提供的信息，都可能成为思考和探究的重要资源和线索。所以热爱既是学习的动力，又可在学习过程中从切身经验与知识结构出发，有效组合引导思维和被动思维参与主动思维中进行不断探究实现学习创新。

热爱是真正的内在情感势，扮演着学习创新的原动力。不少专家都有共同的感悟：一个再蠢的人也可能成为一个天才，关键是看他掌握知识的欲望有多强烈及应用到什么程度。热爱是内在的情感信息势直接催生的思维产生意识流，它在与意识流的非平衡非线性作用中实现相变和分岔，产生学习的创新，所以热爱是学习创新的灵魂。而由第七章第三节"素质教育的有效路径——外势激励内势，情商决定智商"中我们知道，热爱除了来自某些天赋，更重要的是来自信息势的激励。所以，创新性学习还依赖于创新性教育。

第五节　教育创新的有效路径

一、教育创新的基础是教师素质

教育创新的基础是教师素质，按照素质的势科学定义，即"对象结构或功能的有序"，而"系统的有序程度和系统所包含的信息量一致，信息量是系统有序程度的标志"[3]。因而，教师素质的基本要求，就是在"差别最大联系最紧"的对称性人格特征主导下形成的"德才兼备、文理兼通、教研相融"以及无限的激情和广博的学识，具有能将各种跨学科知识融会贯通、形成有序知识和方法的综合性素质，即差别大、联系紧的"人格品德、知识结构和思维方法"（详见笔者著作《信息人社会学——势科学与第六维生存》）。

二、教育创新的保障是制度创新

所谓制度，广义上讲就是一种原则、一种规范和一种格式化的规则。所以，按照势科学理论，教育教学的制度创新就是指：①学校中专业设置的制度创新，即专业的设置力求差别大、联系紧；②专业中课程设置的制度创新，即课程设置力求差别大、联系紧；③课程教材编撰目标的制度创新，即教材内容力求差别大、联系紧；④课堂教学目标的制度创新，即讲课内容力求差别大、联系紧。从课堂、教材、专业到学校，每一环节构成教育过程的一个子系统，系统要素之间差别越大联系越紧越有序，系统信息量就越大，系统素质就越好。所以，教育创新的制度保障，就是在教育的各个子系统过程中，力求产生更多的教育信息量，营造更大的教育信息势。从素质概念的普适性来看，就是构建好的课堂素质、教材素质、专业素质和学校素质［详见笔者著作《信息人社会学——势科学与第六维生存》（科学出版社，2007 年）和《新经济与创新素质——势科学视域中的教育、管理和创新》（中国计量出版社，2007 年）］。

三、教育创新的核心是教学创新

传统讲课的"知识教学"方式，与自己看书并无差别，有时可能还不如自己看书的学习效果。因为自己看书是一种自主的学习过程，它可以不受其他干扰，"自主地"将书中的符号信息与原有的知识体验发生作用，展开想象，不但求同（验证知识），而且求异、求新、求变。这样一种自主学习常常可以发现原有知识的残缺和不完整，甚至错误，从而获得创新。而传统的"知识教学"照搬书本，并不能提供更多的信息，而且还将学生的注意力控制在讲台的狭窄空间范围，如果再要求学生注意听讲，就更加限制了学生的思维，抑制了学习的创新。

按照势科学理论揭示的创新机制，创新的教学则大相径庭，主要体现在以下几个方面：第一，创新的教学不依赖书本，它从全新的切入点进入教学，这种切入点与学生已有的知识体验直接相连营造教学信息势，从而一开始就能唤起已有的知识直接参与作用，展开联想；第二，创新的教学是从所学知识的某个中间环节突破的，它不固守原有知识的逻辑体系，而以点性深入，网络式展开，围绕主题，彰显差别来营造教学信息势；第三，创新的教学注重形象和直觉，能从不完全信息中抓住知识的本质而推进，实际上就是在差别巨大的零散知识中通过整合抽象找到联系营造教学信息势；第四，创新的教学要恢复知识本来的发现过程，使学生所学的知识像自己发现的一样，即将理论与生活实践和个人感悟联系起来营造教学信息势；第五，创新的教学是在更高层次上的抽象，能使所学知识统一到更普遍的规律中营造教学信息势；第六，创新的教学是在多学科中融会贯通的教学，这是以宇宙、生命和社会演化的统一规律为基础，能够将学生所有的知识体验综合起来营造教学信息势的教学；第七，创新的教学是知识信息增殖的教学，可以充分弥补知识学习中信息的丢失和损耗；第八，创新的教学是留有发展空间的开放式教学，它所提出的问题与它所解释的问题同样重要，从而能够更加激起学生的思维和求知欲望，即一种建构式的"打框架留空缺"，用知识信息的"差别大联系紧"的势科学原理来营造教学信息势的教学。

由此可见，只有创新的教学才能激发学生的主动思维，才能保持思维的以"爱"为基础的持久的非平衡，才能引导学生的创造性学习，使知识素质转变为智慧素质。所以，要能在信息化时代，使"教"继续在学生的"学"中占有主导位置，就必须发展创新的教学。

知识经济的灵魂就是创新，创新的精神必须在创新的学习中养成，创新的学习需要不竭的爱。对于个别天才，也许好奇心和求知欲来自天赋，而对于大多数人则来自于环境的引导和信息势的激励及思想的碰撞。所以，信息人社会需要创新性学习，创新性学习呼唤创新性教学。

四、教学创新的根本路径是营造课堂教学中的信息量，即信息势

课堂教学中的信息量由课堂教学中营造的课堂信息势来测度，这就要求教师用最少的理论将差别最大的内容联系起来，具体说就是要跨学科融合性教学。目前，虽然大学在不同范围内进行了大规模的合并，产生了一大批综合性大学，一些原来的专业性大学也不断走向综合化，但大学的合并和综合，并没有解决大学的横向跨学科融合性教育问题。讲文的不讲"理"，讲理的不讲"文"，是普遍的教学模式。学校的合并和综合只是一种形式上的"拼盘"，自然科学的逻辑理性和人文社科的情感关注根深蒂固地誓不两立。这种文化背景既制约着学生的选课倾向，如在某学校"非线性科学"之类的跨学科课程几乎无人问津，又役使着"专家"们的决策意识，如"科学与艺术"这样具有大势且多年来深受学生青睐的课程都被取缔。如果现代科学的发展和创新必须纵向和横向"两条腿走路"，那么传统的教育则坚守着专业纵向的"独脚舞蹈"。这种教育与科学发展及创新机制的背离是我们教育失败的根源。按照势科学原理，教学必须以融合性跨学科教学为主导进行改革。

什么是教育？教育是"讲道理"，好的教育就是讲"大道理"，融合性跨学科的教育是在各种学科知识中讲大道理。只有大道理才能把不同学科的知识内容连在一起，才能产生融合性教育，这也就是众所周知的"大道理管小道理，硬道理管软道理"。而大道理在本质上包含着大的信息量或信息势，能激励大的情感势，从而产生心理不平衡的那种"追求"和"爱"。在大的情感势推动下，才能出现情感势与意识流的非线性非平衡作用，形成有序的知识结构和创新的思维分岔，产生智慧素质。

有关课堂教学中生产更多的信息量、营造更大的信息势，从而有效地激励学生情感势的问题，以及随之产生的对教师知识结构的要求，即使在势科学理论出现之前，也引起许多学者的特别关注，并从切实的教学体验和感悟中给出了类似的表述。科学网转播的学者周可真在发表于2009年3月31日11：17：25的博文中说："给本科生讲课，尽管只是系统地讲些基础知识，但要讲得上水平，得有广博的知识作为基础。这样讲课时，一是信息量大，能满足各有其知识兴趣和爱好的学生的不同需要，如此一来学生的受益面将有所拓展；二是容易将课讲得生

动活泼，使学生爱听——如果讲课讲得学生不爱听，则讲课内容再好，其效果也几乎等于零；三是能把学生所应掌握的各门知识相互联系起来，这有利于他们形成一个知识整体，从而能从整体角度去理解各门知识，由此可起到巩固和深化其所学各门知识的作用。"

他还就如何讲好中国哲学史给出了路径，"例如，要讲好中国哲学史，首先得有较好的古汉语知识基础，还得懂些考古学知识；其次得有比较熟悉的中国通史知识，还得大致了解每位哲学家的平生事迹；然后得熟练地掌握马克思主义哲学原理，并且至少得大致了解西方哲学通史知识；再次，对逻辑学、美学、伦理学等属于哲学门类的知识都要有些研究和了解，否则无法把相关讲课内容讲好；最后，对宗教要有所研究和了解，特别是对中国佛教和道教须有较深入的了解，否则如何讲佛教哲学？如何讲道教哲学？而讲到佛教哲学，如果没有佛教通史知识，是无论如何都讲不好的，如此等等。还有其他方面的一些知识。这还只是中国哲学史一门课程。在大学里给本科生讲课，绝不是只讲一门课或只能讲一门课，至少也应该能讲三门课，虽然不必每个学期同时讲三门课"。由此可见，产生更多的课堂教学信息量、营造更大的课堂教学的信息势是对教师知识结构的重要挑战。

具体来说，在课堂教学中营造教学信息强势有以下几个向度：

（1）从理论到实践的向度。理论与实践差别最大，但在课堂教学中如果能将理论与实践紧密地联系起来，就具有丰富的信息量，则将营造强大的信息势。

（2）从简单知识到复杂知识的向度。这是知识纵向方面的向度，将差别巨大的简单知识与复杂知识联系起来，就具有丰富的信息量，从而营造强大的信息势。这也就是一般专业教学的向度。

（3）从本学科知识到跨学科知识的向度。这是知识横向方面的向度，一般来说，学科知识差别越大联系得越紧，信息量就越大，营造的信息势就越大。这也就是一般所说的跨学科融合性教学的向度。

（4）从历史性知识到现代知识的向度。历史性的知识往往是点性的就事论事的知识，但有一定的特点，与现代高度抽象的知识差别很大，通过一种普遍规律和原理的教学使二者紧密联系起来，用普遍规律来统率历史性的点性知识就具有丰富的信息量，也将营造强大的信息势。

（5）从专业知识到基础知识的向度。专业知识往往是具有深度的知识，基础知识是具有广度的知识，在深度和广度的巨大差别向度上将知识紧密联系起来就具有丰富的信息量，从而营造强大的信息势。

（6）从科学到哲学的向度。就是将所讲知识在哲学的高度上进行总结和归纳，使差别巨大的科学实证与哲学思辨紧密联系起来，就具有丰富的信息量，也将营造强大的信息势。

（7）从教师及著名人物的经历到学生个人体验的向度。教师及著名人物与学生的差别很大，但教师通过课堂介绍自己的经历就会使学生感受到在实际生活情感方面与教师的紧密联系，通过介绍著名人物的成长经历使学生与自己的生活体验和奋斗目标联系起来，就具有极大的信息量，从而营造强大的信息势。

（8）从成熟知识到未知可能性探索的向度。也就是现有知识与未知探索的向度，在现有知识基础上展开丰富的形象直觉和具有逻辑理性的探索，将差别巨大的已知与未知紧密联系起来，就具有丰富的信息量，从而营造强大的信息势。这样的教育，实际上是一个保持"问题"状态、构建"知识空缺"，使教育和学习过程成为开放系统的教学。耗散结构的一个必要条件是开放系统。保持学习过程为开放系统的关键，不是坐在教室里只用耳朵听讲而心不在焉。要保证学习过程成为真正的开放系统，必须构建"知识空缺"，必须以"问题"为导向，使"已知"与正在感受的"未知"和"问题"之间保持"接口"状态。这样就能在本身参与的各种信息交流（包括课堂学习）中，及时将接收的信息与学习中的"未知"或"问题"联系起来转化为"新知"，实现思维的分岔和创新。保持思维是开放系统的本质，它不是有信息流入思维的大脑中，而是进入大脑的信息必须与原有的信息进行充分的"作用"。如果不以"问题"或正在感受的"未知"为导向，进入的新的信息就会被搁置在一边，只是占据了大脑的储存空间，而不与原有信息发生作用，思维就不能实现开放系统的功能和特征。传统教学中强调"知识扎实"和教学中"要讲就讲透，讲到没有问题"的教学方式，把思维的大脑当成了存放知识的容器，只能适应"应用知识"的传统工业时代，无法适应"需要创新"的信息时代。因为传统的教学方式，从根本上妨碍了思维的大脑中原有信息与新进入的信息之间的作用，实际上使学习过程成了封闭系统。试想，如果一个人一味地追求知识扎实，最后扎实到像"铁板一块"，那可能就"刀枪不入"了，他还怎样进行学习呢？学习过程中不断地营造"知识空缺"，以问题和正在感受的未知为导向，可以使学生时时处于一种渴望吸收信息和知识的激发态，始终保持对于外界信息的敏感，及时捕捉有用的信息并与原有知识进行作用、整合，从而产生思维的分岔和创新。在高考中，分数上了录取线的应届毕业生中，虽然一些学生比往届生分数低了一点，按传统教育要求的那种知识的扎实性差了一点，但也许正因为留下了"知识空缺"，却构建起了知识的"问题状态"，具备了从"已知"到"未知"的"信息梯度"，营造了渴望和追求知识的"情感势"。扎实性损失了一点，但换来的是激情、活力和成长。所以，应届生往往比补习生的发展潜力更大。

（9）从知识教学到课堂管理的向度。传统的工业化生产是生产者单向推进的批量生产，现代信息化生产是生产者与客户双向互动的订单生产；传统教育是单向灌输的整体性教育，现代教育是双向互动的个性化教育；传统教育是决定论的、还原论的知识教育，现代教育是探索性的、非线性的创新性教育。所以在传统的教育模式中，教育过程的信息相互作用本质没有被揭示，呈现出的是与工业生产一样的物质生产特征。只有将教育真正变成双向互动的，教育过程的信息相互作用本质才能显现，才能真正培养出个性化的创新型人才。所谓双向互动的教育，学生在课堂上踊跃发言、积极参与只是一个方面，互动教育的本质指的是"激励与反应的互动"，是激发热情与爱的互动，是使学生内心深处产生冲动，从而使脑神经产生兴奋，保持对于信息刺激的敏感和积极回应，并且在回应中分析、反思、批判的学生与教师的思维和思想的碰撞。而"激励"和"互动"恰恰是现代管理的关键词和基本特征。由此可见，现代教育正在从传统的课堂教学变为现代的育人管理，从知识教学变为信息管理。

在传统社会中，学什么用什么，而且用一辈子。所以传统的教育和学习过程中，有爱没爱无关紧要。在信息人社会中，科学势和技术势越来越大，使科学和技术的发展日新月异，信息化生产的主要特征从原来的应用知识变为应用创新，学校的学习和将来的应用之间的距离越来越远，如果课堂没有强大的信息势激励，学习必然成为乏味和枯燥的。所以现代大学"课堂成立"的基本条件就是要求课堂本身是有趣的，有趣的课堂只能在激情和爱中产生，而创造激情和爱的机制不是知识教学，而是沟通和激励。沟通和激励在理论上是营造信息势，在现实中就是组织管理和成才管理。

在教育改革中，学校的课堂教学改革是核心内容。实际上，学校的"生产力"就在课堂，教师讲课时知识的融合程度，表达着每一节课堂教学的信息势强度。知识的融合性越好，信息势越强，激发的情感势就越大，效果就越好，"课堂生产力"就越高。

如果更加通俗地叙述势科学原理对于课堂营造信息量的表述，则可以说，营造课堂教学的信息量，提高课堂教学的生产效率，就是要少说"废话"。什么叫废话，总是重复同样的话或叙述完全相同的问题或道理，就叫废话，但如果讲述的内容是毫不相干、没有任何联系的乱七八糟的问题，也同样是废话。只有那些既差别很大，又联系很紧的问题或道理，才具有真正的信息量，产生真正的课堂生产力。

目前学校不能进行融合性跨学科教育的主要原因有三：其一，教育缺少根本的理论指导，无法为教育实践提供真正有说服力的操作方向；其二，由于教育理论的逻辑缺失，不能提出有说服力的论证来引起领导层的重视；其三，在传统教育中成长起来的教师资源中，真正能够进行融合性教育的教师太少。

（10）从课本的文字逻辑叙事到多媒体的跨领域视频组合的向度。尽管"教育动力学"倡导教材内容的撰写要兼顾生活与探索的张力，但一般来说，课本还是一个文字知识的逻辑体系，制约着教学过程营造更大信息量和教育信息势。信息化催生的多媒体技术为课堂教学提供了强有力的教学手段，可以从不同视角将不同领域中差别很大但又与课堂内容紧密相关的内容集成起来，在有限的时间和空间中为课堂提供更多的信息量、营造强大的教育信息势。

五、教育创新的灵魂是教育文化的创新

教育文化包含的信息量是教育创新的灵魂，用差别大联系紧的教育文化营造的信息势来测度，即教育要推进"百花齐放、百家争鸣"，容许各种学术思想的充分展现，在差别大联系紧的各种知识、方法、思想和理论的博弈竞争中营造教育信息强势，推动教育文化的创新。

一个民族的教育信息势往往奠基于她的文化信息势。只有在充分的民主文化与个性化文化的强势基础上才能孕育出教育信息强势。一个社会的文化越民主，越提倡个性化和独立性，这个民族中要素的差别就越大，而且充分的民主化与个性化导致"平等相处规则"的统一诉求，将产生要素之间更加紧密地联系，因而，将产生更多的信息量、营造更大的信息势。

跨越式发展是信息化社会的时代主题，以小博大、以柔克刚、以弱胜强甚至

无中生有是信息人社会的突出特征。教育作为领头的信息科学，作为"生产知识"和生产"人才商品"的新兴产业，作为一种"软件"生产企业，其跨越式发展的可能显而易见，关键在于根据势科学原理和势的运行机制构建适应时代发展逻辑的教育学基本理论，并且在新的理论指导下，开展教育的制度创新和文化创新，在人才、课堂、教材、学科、专业和学校各个层次上进行真正有效的改革和创新。

第六节　知识创新的互动机制

按照势科学理论，知识创新是在知识信息的相互作用和互动中产生的。如果按照传统教育学理论，认为知识是共享的，那就不可能有知识的互动，因而就不可能有知识的创新。所以，本节首要问题是要考察知识究竟是共享的还是互动的。

知识从共享到互动，是信息人社会区别于传统社会的重要特征。从势科学的视角来看，一切互动都是由势推动的，如果知识能被全部共享，互动就失去了动力，知识就不可能创新。

在传统学术语境中，知识共享几乎是一个不言而喻的问题。然而在信息人社会知识爆炸的时代，知识能否共享的问题值得商榷。

笔者认为，知识的"共享"须有两个必要条件：首先，知识能够"被共同的认识"；其次，知识能够"被共同的使用"。所以，知识不能共享的原因有三：即"不会学"、"不用学"和"不能学"。其一，"不会学"（学不会）——有些知识是学不会的，即无法学；其二，"不用学"——有些知识个性化极强而不能被公认就不用学；其三，"不能学"（不能用）——有些知识被产权所保护就不能学。被产权所保护，就是"不能被共同使用"，"无法学"和"不用学"，就是不能"被共同的认识"。缺少任何一个条件，知识都不能被认为是共享的。

一、知识及传统社会知识共享的社会特征

什么是知识，钟义信在"'信息—知识—智能'生态意义下的知识内涵与度量"一文中指出："信息是一种原材料，经过加工提炼之后，就可能形成相应的抽象产物——知识。这样就可以说：知识是信息加工的规律性产物。""智能来

源于知识，知识来源于信息；信息、知识和智能构成一种生态链。因此应当把信息、知识和智能作为一个'生态系统'的整体，在它们相互联系和相互作用的系统中来把握它们。"[4]深入分析信息加工的本质可以发现，信息经过加工后形成的有序信息就是知识，知识经过进一步抽象以后得到的有序知识是方法，方法经过进一步抽象以后得到的就是智慧。所以，一般来说，在科学的范畴（不是哲学范畴）中，就效用意义而言，消息的有序是信息（零乱的道听途说的是消息，经过整合找到联系成为有用的——有序而有效的消息就是信息），信息的有序是知识（信息之间的联系呈现为某种规律性的东西叫知识），知识的有序是方法（知识之间的联系，即规律之间的联系归结为某种更为基本的规律，而在思维层次上表现为更深层次上的思维信息势叫方法），方法的有序是智慧，即灵活变通地运用各种方法则体现为智慧。

在传统社会，一方面由于社会生产简单、许多知识是经验性的和直观领悟性的，抽象层次很低，知识总量很小，是一个使用知识的时代。知识一旦通过归纳整理被发现，很快就会被众人掌握并得到公认。例如，牛顿定律，被发现后很快就得到公认并被格式化的普及，实际上已经成为常识；另一方面，传统社会人们的产权意识淡薄，没有那么多专利来保护知识，许多知识都可以共同使用，而且由于知识的格式化程度很高，掌握一种知识哪里都能用，甚至用一辈子。所以，在传统社会，知识基本上可以被认为是共享的。

二、信息人社会知识难以共享的时代根源

1. 无法学——学不会或学不到的知识

在信息人社会，信息爆炸使知识成几何级数增长。这就一方面促使原来易于被众人掌握和应用但效率很低的经验性的和直观领悟性的知识被迅速地淘汰；另一方面，信息作用的强化，社会的复杂程度大大增加，使得无论是自然科学的知识，还是社会科学的知识，其抽象程度大大提高。许多知识只有那些"知识精英"才能企及，普通人则只能在知识的低层次上徘徊，产生了所谓"学不到的"或"学不会的"知识。正是如此，就有了微软要不要被"反托拉斯法"分割的争议，各种各样的无法学到的核心竞争力也属此类。这种现象正像梁艳华在介绍西蒙娜·韦伊对现代科学的批判时说："一方面，现代科学通过对自然世界的简化、抽象和代数化，最终使自身脱离了它所从出的感性世界，使人们把思想交付给了符号。自然科学成为独立于思想、独立于个体的工具；数学变成为一门实用学科、一种操作、一种运用符号的技术。这样的科学便于人类对客观世界的掌握和控制，但是它只能被'科学家村'的科学家所掌握，成为权力的来源。另一方面，现代科学的发展不但使科学的结果越来越抽象、数量众多且复杂，并且它们在生产和运用的过程中也被神秘化。这也使它们成为社会中极少数技术特权阶层所垄断的专利，而对于普通人而言是不可理解也无法掌握的……由于民众只能产生与直觉相关联的思维，于是在学者与民众之间划出了一道鸿沟。"[5]由此产生了民众学不会或学不到的知识——使知识无法共享。

2. 不用学——不能被公认的知识

（1）在信息人社会，一方面全球化带来的社会局域化和生产个性化及人的个性化，使知识的社会格式化程度越来越差、局域化越来越强，甚至许多知识绑定在个体的人格、气质、兴趣及情感之上，如许多与管理沟通和创业有关的知识，成为完全不能通约的知识；另一方面，信息化导致的信息不对称，使一种知识是否正确可靠很难达成共识，因而知识很难得到公认，以致像哲学这样高度的格式化的知识都使哲学家感叹道："有多少哲学家就有多少种哲学。"而且据报道，在目前国际数学会议上，往往是台下人很难理解台上人的发言。不能被理解就无法达成共识，因而就根本谈不上共享。

在社会科学领域，知识能被共同认识从而成为"公认的知识"的范围则更加狭小，特别是在国学知识及管理学领域，不说"管理丛林"有多少理论，就各种各样的"国学"和"中国式管理"而言，仔细考查一下也不难发现，几乎每一种理论，除了创始者本人及其弟子们在研究以外，就几乎难以找到另外的跟随者，期望能够被公认更是困难的。而"管理无定式"可能从管理的实践意义上也说明了管理知识并不一定全部需要被公认。

（2）在信息人社会，一些知识在抽象到一定高的层次完全符号化之后就具有了极大的普适性，因而它们的应用几乎遍及所有领域以及所有人，似乎产生了前所未有的"知识共享"，然而仔细研究就会发现，这些知识在"被共同的使用"过程中，并没有"被共同的认识"。最为典型的就是与计算机有关的知识，这些知识实际上是被彻底技术化以后产生的格式化普及，许多使用计算机的人士可能根本就不懂有关计算机在机理上是如何运行的知识，只有少数专家才可能认知计算机在执行各种功能时的工作机理。不能"被共同认知"的东西，即使被

"共同的使用"，在本质上也不能说是被真正的共享。而且，实际上计算机的普及根本上是技术的普及并不是知识的普及，因而也最多只能说是技术的共享，而不是知识的共享。因为他们实际上只是在技术化——甚至是"傻瓜化"的平台上"被共同的使用"，而并没有在基于因果关系的原理上被"共同的认识"。

（3）信息人社会，由于知识的抽象层次不断提高，以至于一些知识根本无法通过实践进行直接的验证和鉴别。不可鉴别就不可能被公认，因而就不可能被共享。即使是可以被验证和检验的知识，不同的个人在掌握同一种知识以后产生的使用途径和效果也大不一样，就说明人们对同一种知识，认识和理解的深度和广度大不一样，认识和理解不一样就不能说这种知识已经"被共同的认识"，所以在这个更为深刻的意义上还是不能被共享。

3. 不能学（不能用）——被产权所保护的知识

在信息化社会，知识爆炸的同时也产生了许多能够被大家学会而且能够产生极大效益的知识，然而由于经济利益的驱使和产权意识的增强，这些知识一旦产生就被专利或各种知识产权所保护，使其成为不能学的（不能用的）——不能"被共同使用"的知识，因而不能被共享。

三、常识及常识共享的时代特征

除了"学不会"的、"达不成共识"的和"被知识产权所保护"的知识之外，剩下的可以被众人学会而又可能达成共识的不被保护的那些知识，实际上就成了"常识"。另外，如果知识真正被共享到人人皆知，知识显然也就变成了常识。

"常识"不是人们一生下来就知道的知识，而是在一定的"生活常态"下掌握的知识。传统社会是一个闲散松弛的社会，人们的"常态"就是除了甚至不需要学习就可以参加的生产活动、民间休闲娱乐活动以外，就是一般的聊天拉家常、经验性交流。在这种"生活常态"中获得的知识就是传统社会中所说的"常识"。所以，常识在传统的看法中就是大家都几乎"用不着学就知道的知识"——在那个依靠经验归纳产生知识的年代，知识的抽象层次很低、生产量很少、格式化程度很高，因而对常识的这种概念是确切的，也是有意义的。

在知识大爆炸的年代，经验归纳性的、简单近似的知识被迅速淘汰的同时，新知识的抽象层次不断提升，不用学就知道的知识比起整个知识总量来说已经少之甚少，而且许多不要学就知道的经验性知识很可能成为误导（信息化社会急速变迁的一个重要时代特征往往表现为"积淀越深负担越重，经验越多误导越大"）。所以，在信息化时代，"学习"已经成为每一个希望参与社会竞争的个人和组织的"生活常态"。在这种"不断学习"的"生活常态"下掌握的知识就是信息化时代的"常识"。由此可见，常识的内涵扩展了，包括那些现在还不知道，但可以通过学习而知道的、被公认的和不被知识产权所保护的所有知识。

这样一来，我们也就进一步充实了有关创新的理论——"知识是靠创新来的"，学习只能获得"时代意义上的常识"。这种有关知识概念的时代定位，对于正在从事于大学学习的学生来说具有十分重要的意义，它使他们可以明确地感觉到现在学习的东西与将来能够参与社会竞争的东西是两回事——学习到的所谓知识，实际上是信息化社会不被各种产权所保护的、能够达成共识的、可以通过学习学会的"常识"。这些知识（常识）必须经过融会贯通的整合形成内在的联系和"有序"——"知识信息势"[6]，并使这种知识信息势达到一定的临界值，使知识系统发生非平衡相变和非线性分岔，产生知识系统的创新（知识的知识)[7]——更高层次上的有序，才能最后参与社会的竞争。

实际上，还有另一些情景，在一些人认为是常识的东西，在另一些人看来可能深不可测。但随着学习型社会教育普及程度的提高，过去感到深不可测的一些知识，迅速地变为常识。例如，牛顿定律，在传统社会，无疑是一个真正的知识，因为它揭示了亚里士多德等一代智者所认为的"大的石头一定比小的石头先落地"的错误，当然也更是一般民众概念上的错误，因而牛顿定律在传统社会不可能成为大众所知的常识。然而在信息化社会，随着教育普及程度的提高，牛顿定律越来越容易地被人们理解，而且实际上几乎变为一个常识。即使像"集合"、"相对论"、"量子力学"的基本理论这些如此抽象并充满悖论的知识，也基本上在所属知识共同体中很快得到公认，而且几乎变为他们的常识。信息化社会的创新现实使人们越来越明显地感到，这些"知识"（常识）只能在思维和学习中使用，而并不能在实践中直接用来参与竞争！有力量参与竞争的是创新——"知识的知识才是力量"！

所以，在信息化社会，能够被通过学习而真正共享的基本上是常识——常识才可共享。

四、知识共享导致平衡，知识互动产生创新

可以想象，如果所有知识一旦产生就被共享的话，知识社会就会常常处于一个均匀的平衡态，发展就会停滞，创新将化为乌有。例如，对于现代管理来说，如果通过沟通或互相学习，所有的知识都可以共享的话，组织就必然被同质化（支撑个性化的基础是个人所占有的信息和知识不一样），因而就不可能有创新，从而失去竞争力。沟通和互动的过程是一个各主体通过知识互动而使各自所具有的知识"和谐化"或"完备化"的过程，就是一个知识结构"成群"（数学结构的群）[8]的过程，也就是主体个性化的过程（数学提倡的独立性、相容性和完备性才是真正的个性化标准，完备性不是全面性，完备性是围绕核心主题的完备，独立主体越是围绕自己的核心主题而完备，就越个性，越有竞争力）。一个"80后"的说法叫做"越沟通，越个性"就是这个过程。知识在互动过程中使差别巨大的知识联系得更紧，从而使知识信息势不断增长达到相变和分岔的临界值，使各自原有的知识结构发生失稳产生相变，进而建立新的知识结构，产生知识的创新。所以，知识共享导致平衡，知识互动产生创新。

实际上，不光知识难以共享，真正的有效信息都是难以共享的。例如，权力和金钱都不能共享。商业信息也不能共享，当人人都知道时，商业信息就失去了价值。情感信息也不能共享，当你的爱人对你说"爱你和爱别人一样"时，你还能感到爱吗？共享的事物或元素，既没有差别又没有联系，所以就既不是信息，更不是知识。艺术信息能共享吗？每一个人对美的理解都不一样。虚拟抽象信息不能共享更是显而易见的。由此可见，六维信息人占有的六维信息（钱、权、知识、情感、艺术、虚拟抽象）[5]都不能共享。占有就意味着守恒，不能共享！

五、辨析与结论

有两个问题需要进一步辨析。其一，"相同的知识"和"共识"是不一样的，知识一定是"系统内有关元素信息之间的某种规律性的内在联系——即信息的有序是知识"，所以是"真"的、正确的，而"共识"不一定是正确的。实际的情况往往是，组织内成员同质化以后达成的共识往往会出错，而具有互补性知识的个性化成员达成的共识才常常是正确的。其二，如果说知识不能共享，那么

人们以什么为基础来互动呢？实际上，以上对于信息化时代"常识"的定义已经说明了这个问题。因为信息化社会，学习已经是一种"生活的常态"，这种"生活常态"中获得的知识就叫常识，所以人们实际上是在学习得到的"常识"基础上拿各自掌握的知识（通过对各种"常识"的融会贯通产生的创新——独立见解）来互动的。互动的过程使知识更加个性化，从而促进人的更加个性化成长的过程。试想，一个学者如果只能熟背牛顿定律或相对论的场方程及量子力学的波函数，而没有自己独到的专业研究；或者一个管理学家只能熟背管理的五个职能以及管理经典中的教条，而没有自己独到的管理见解和管理实践，是不可能有人愿意和他们互动的。国内外真正的学术会议大多先要通过征稿，然后再通过审稿来选定可以参加会议的学者，就是表明能够被邀请来参加学术会议进行"互动"的学者，都必须是具有独立创新知识的学者。当然，有些会议没有被录用的论文也可去参加会议，但这只能叫"参与"，而不是"互动"。

根据交易费用理论中资产专用性概念，组织的资产专用性越高，组织联盟越强。由此可见，正是因为知识不能共享才需要各种团队，才导致了现代组织及个人越来越紧密的联系。而当知识可以完全共享之时，组织及个人也就失去了联系的必要。

所以，我们的结论是：知识互动产生创新，常识共享可以传承。

有关知识更加耐人寻味的问题是，如果知识的本质属性是识别功能和预测功能的话，那么在一个知识创新频率越来越高的时代，在一个伴随全球化而加速发展的局域化与个性化时代，人类将变得越来越"无知"。我们掌握的知识越多，用这些知识营造的社会现实就越复杂，社会系统的信息势就越大，信息势达到的临界点就越多，相变及分岔的频率就会越高[7]，由此将导致我们更加无法识别和预测社会现实及其发展前景，人类实际上对于他们所面对的对象越来越无知。一个从自然到社会不同层次上经常出现的逻辑悖论又一次呈现在我们面前：知识越多越无知！一个简直难以置信的结论竟被2008年震惊世界的金融危机所证实。

第七节　方法创新的内在逻辑

一、消息、信息、知识、方法

消息有序是信息、信息有序是知识、知识有序是方法，方法有序是智慧并产生创新。因而，信息比消息更抽象，知识比信息更抽象，方法比知识更抽象。由于抽象性更高的信息（知识及方法都是不同层次上的信息）总是在更深层次上揭示了事物之间的内在联系及其运动规律，所以一般来说，方法与知识比较，方法总是更加具有持久性和稳定性。例如，在知识老化的过程中我们看到，具有方法功能的某些知识总是具有相对持久性。例如关于微积分的方法（知识），两个世纪以来，不但没有老化，而且越来越广泛地应用到各门科学中。实际上除了微积分，回顾历史我们看到：摩擦取火的知识早就被淘汰了，但产生于同一时期的整数四则运算的方法（知识）却一直沿用着。实际上，科学的数学（这个称呼不一定确切）对于其余科学，总是起着某种方法论的功用。

实际上，在科学知识的等级结构中，抽象化程度高的知识对于较具体的知识起着方法论作用的规律是普遍的，除我们已看到高度抽象的数学对于其余科学起着方法论的功用外，物理学和化学的原理对于生物学和医学也起着方法论的作用。关于控制、信息、反馈的知识在神经控制论、生物学中起着方法论的作用。

一般来说，科学方法的基本内容，首先是经过实践检验的科学理论。任何这样的理论，在同一知识领域或甚至不同知识领域中建立其他的理论时，它实质上起着方法的作用，或者起着决定实验活动的内容和次序的方法的作用。因此，方法与理论活动内容之间具有互动的性质，作为过去活动内容的理论结果形式的方法，表现为以后研究的出发点或条件。在一个系统中首先是目的的东西，而在另一个系统中便成了手段，整个科学本身实质上是社会实践活动的方法论工具。

二、知识信息势达到临界值时的相变和分岔——方法的创新与发展

前已述及，方法与知识比较总是具有相对持久性和普遍性，但随着信息和知识的不断积累，知识系统及方法系统中的信息势不断增长达到某种临界值时，方法就会实现创新而产生新的方法。例如，对于力学工作者，在20世纪40年代，他们的主要任务是除了建立各种各样的力学模型外，寻求最好的简化手段以求解力学方程的方法。但随着有限元知识信息的积累和计算机的应用，在今天这种方法显然已被计算机所代替，这就是介于古典演绎研究方法和古典实验研究方法之间的数学实验方法。它不但可以进一步深入研究物理现象，而且可以研究思维定律、语言规则和生物物种的分类以及其他许多东西。它的实质不是对客体进行实验，如同古典实验方法中所常见的那样，而是对相应（适合于这一目的的）数

学分支的语言对客体所作的描述（古典数学的描述或现代数学分支的描述）进行实验。

另一个重要的实例是泛函分析方法的创新。在信息量有限进而信息作用有限的时代，人们只需要研究一般"数"之间的关系，这就是一般的算术方法；随着认识信息量的增加，信息作用强化，知识系统信息势增长达到了一个临界值——一个必须要研究"变量"之间关系的时代，就产生了代数方法的创新和微积分方法的创新；随着认识信息量的进一步增加和信息作用的强化，知识系统的信息势达到了另一个更高的临界点——一个必须要研究"函数"之间关系的时代，一个研究变量"关系的关系"的时代，就推动了泛函方法的创新。因而泛函分析是在近代数学上占据特别重要的地位且范围很广的数学方法。我们知道，在古典数学——初等几何、解析几何、微分几何、实数系和复数系的多项式代数、利用数理统计的古典概率和数学分析中，变数为量或"数"，但在泛函分析中，函数本身即被视为变数。在泛函分析中，已知函数的性质，不决定于函数本身，而决定于这个函数与其他函数的关系；泛函分析研究的不是个别函数，而是某种或别种性质函数的集合，如所有连续函数的集合。这类函数的集合，就形成了所谓的函数空间。正如分析是当时力学发展的必需工具和方法一样，泛函分析对今日的数学物理问题提供了一个崭新的方法，并且也是求解新的原子量子力学的一个有效方法。历史时常重演，唯系以新的方式在更高的一个阶层上重演。以前出现在古典分析里的问题，现在借泛函分析方法有了新的更一般的解法，而且常常一就而解。对此，像光线聚集在焦点上一样，泛函分析方法乃把近世数学中最一般性及抽象性的观念以很有效的方式联系起来集朕为一体，营造了方法信息势。

科学的认识方法必然要随着科学的发展而发展。现代科学的课题的性质有这样的特点，它更加不是简单地反映现实的这些或那些方面，而是根据一定的目的设计现实。例如，早期发展的天文学，天文学家面对的是他无法影响的、早已存在的稳定场，他们的任务是在这个稳定场中寻求天体运动的规律；而现代迅猛发展的物理中，物理学家们所面临的任务就完全不同了。他们的目的是在加速器中制造场，迫使粒子按照他们规定的路线运动。因此，与其说他是存在宇宙的学生，倒不如说他是小型宇宙的创造者——这样将导致实现认识方法的广泛的结构化。特别是对于人文社会科学面对的人类社会来说，这完全成为一个"人为"的现实信息空间，一切信息场都是由人来营造的，"人"以及由"人"营造的信息场、信息势、知识信息及方法论信息，既是研究的对象又是研究的工具，既是研究的内容又是研究的方法。因而知识的创新与方法的创新在密不可分的联系互动中创新和发展。

三、包含最大信息量具有最大信息势且最有效的方法——对称性方法

根据势科学理论揭示的势的运行机制"差别促进联系、联系扩大差别"，以致差别最大为相反，联系最紧为相同，即相反又相同就是相反相成，即对称。所以，对称性要素结构势最大，包含的信息量最大，能够把握和描述的事物最多。因而，在科学的历程中，总是应用各种对称性的方法来推动创新和发展。

首先是"形而上学"方法与"辩证法"方法两种最基本的对称性方法。科学在本质上产生于对自然界形而上学的认识，然而却始终受益于辩证法方法的滋养中。辩证法是唯物主义哲学和全部科学的科学方法，因为它构成最普遍的认识规律。作为思考方法的辩证法，是富有内容的创造性思维的实在逻辑。

其次是"分析"与"综合"的对称性方法。分析与综合的对称性互动是使认识深化进而不断创新的最基本方法，经常在不同层次上反复地进行。科学对于客观世界的认识，往往表现为这样一些大的分析与综合的循环。例如，关于物质与时间空间的情况，希腊自然哲学的物质与时空概念，首先表现在原子论，就是认为物质与空虚的空间是互相独立地存在的，无限广泛的空间是物质的容器（分析）。晚一些时候，就出现了亚里士多德的自然观，认为物质与时空不可分，物质即空间，宇宙是非均匀的有限的球体（综合）。随后的近代科学中，伽利略、牛顿一度使空间同物质分离，又回到主张均匀的无限空间与这种均匀的无限空间中运动的物质，这一原子论的时空概念上（分析）。爱因斯坦通过狭义相对论则再度使物质与空间联系起来，并把物质的运动作为物质与空间联系的媒介，通过广义相对论，物质与时空则完全被统一起来，二者处于互相规定的关系（综合）。由此可见，物质与时空的关系，就是这样通过分析与综合对称性互动，一度被分离（分析的阶段）然后再度被统一（综合的阶段）。但是再度被统一起来的物质与时空的概念，由于经历了分析的阶段，所以它是在认识了各自固有的特性的基础上更高的统一，包含了更多的知识信息量。

分析与综合对称的普遍意义，也体现在现代科学本身。现代科学的最大特

点，一方面在高度分化，专者越专，尖者越尖，另一方面它也在高度综合。边缘科学盛兴，科学的任一部分，已不能再是一个闭关自守的孤岛，实际上它们的内容是互相交叉的。各专业之间到处都有"连理枝"，遍地都是"嫁接果"。数学的方法和物理的概念广泛地综合在一起。今天很好地了解科学或技术中的一个局部，就能了解它的整体的某些东西。

"归纳"和"演绎"是科学利用对称性方法创新与发展的另一个重要路径。一般来说，总是先要通过归纳某些典型实例来提炼出一些具有普遍特征的一般规律，然后通过演绎来分析和预测更多的事物。但在科学发展的每一个时间截面上，探讨自然和社会的种种研究总是既可以通过归纳来进行，也可以通过演绎来进行。例如，对"和谐机制"的研究，一方面我们可以通过归纳各种典型的和谐特征来得到和谐的一般机制——数学的群结构，另一方面我们又可以从势的运行机制"差别促进联系、联系扩大差别"达到对称，而对称性元素形成数学结构的群，从而发现和谐机制。在科学家的实际工作中，由于个人知识结构和情趣的差别，对于归纳和演绎的应用往往各有器重。在科学的历史上，牛顿是倾向归纳①，而来布尼兹却习惯于演绎。

四、教育学及社会科学研究方法的根本创新——从描述性的研究方法到研究信息作用的势科学方法

迄今为止，所有能够成为科学的理论，都是建立在研究对象之间相互作用的逻辑机制基础上的。自然科学在物理层面上逻辑地研究了四种基本的"物质相互作用"，即强力、弱力、电磁力和引力，从而使自然科学发展得得心应手。教育学及社会科学要想走出日益凸显的迷茫和困惑，就必须摒弃以往想象和描述性的方法，从根本上采取研究"信息相互作用"的方法，即研究"信息力"及"信息力学"的势科学方法。这些内容包括：①信息势与信息力学的研究方法；②教育信息势与情感意识流相互作用的势科学方法；③信息势与执行力和领导力及文

---

① 牛顿是一个经验论者，他最注重实验。从归纳的角度出发，他得到了许多发明，但他人为地将归纳与演绎割裂开来。他反对任何假说，但后来的人们反驳牛顿，认为牛顿力学中的力，本身就是一种隐质，一种假说。实际上不从这种假说开始，演绎地推导，牛顿力学也建立不起来。另外，归纳总不是万能的，虽然牛顿从归纳光的反射、折射、色散定律中得出了光的微粒说，但新的实验结果总是层出不穷、不胜归纳的。很显然，归纳得到的光的微粒说不能解释光的波动现象。

化软实力研究的逻辑方法；④信息势测度的复空间表达方法；⑤信息势作用的张量求解方法；⑥信息作用的对称性机制及和谐成群的逻辑方法等（参见本书第二章、第四章和第九章有关内容）。

参 考 文 献

［1］刘玉仙，顾琛．混沌信息空间信息组织面临的挑战和机遇．情报科学，2004，22（6）：668～671

［2］戴维·玻姆．整体性与隐缠序——卷展中的宇宙与意识．洪定国，张桂权，查有梁译．上海：上海科技教育出版社，2004

［3］万中航等．哲学小词典．上海：上海辞书出版社，2003：382

［4］钟义信．"信息－知识－智能"生态意义下的知识内涵与度量．计算机科学与探索，2007，1（2）：129～137

［5］梁艳华．现代科学与社会危机——西蒙娜·韦伊对现代科学的反思．自然辩证法研究，2007，11：66～69

［6］李德昌．势科学与现代教育．西安交通大学学报（社科版），2007，（2）：84～96

［7］李德昌．新经济与创新素质——势科学视角下的教育、管理和创新．北京：中国计量出版社，2007：166～204

［8］李德昌．信息人社会学——势科学与第六维生存．北京：科学出版社，2007：132～144，174～218

第九章 势科学视域中的和谐机制与和谐素质
——素质和谐的理论模型

第一节 势 与 对 称

一、对称势最大

根据势科学第一定律,势的运行机制是差别促进联系,联系扩大差别,由此反复互动张显,以致几乎所有的相互作用过程都产生对称,杨振宁称之为"对称原理决定相互作用"。杨振宁在研究规范场理论时总结得出了这一结论,他认为"所有的相互作用都是规范场"[1]。

正数和负数对称,正负数之间差别最大而联系最紧;正电荷与负电荷对称,正负电荷之间差别最大联系最紧;磁铁的南极和北极对称,南北极之间差别最大而联系最紧密,既相对相反,又相成相吸。将一块磁铁从南北极中间截开,使南极和北极分离,南极的一端立刻长出北极,北极的一端也立刻生出南极,犹如俗话所说"见不得离不得"。实际上,我们无法找到比对称化元素之间差别更大联系更紧密的元素了。所以,对称性越好,包含的信息量就越大,势越大。

势产生对称,对称以后势最大,所以杨振宁又总结称"对称决定力量"[2]。使我们感到惊奇的是,从物质世界到人类社会,无论是没有生命的"宇宙灰"还是大智大慧的人类精英,无一不知晓应用对称性来营造大势、彰显力量:金刚石分子结构由于完美的对称性,彰显着无比的力量,是最为坚硬的材料(图9-1),而具有同样元素的石墨,则由于分子结构的对称性欠缺一捏就碎(图9-2);所有的基本粒子都是对称生成的,展现着生态型的和谐;所有的晶体结构都显示着内在的对称性,显示着漂亮的结构美;生命基因 DNA 由于双螺旋内部结构多重的对称性而具有极大的信息量,展现了对生命的强大管理能力;在生物中,冬虫夏草的对称性结构使其成为强大的抗病毒名贵药材；蚯蚓将雌与雄的对称集于一身，具有如此好的对称性，所以蚯蚓的势最大，可以将垃圾与高蛋白联系起来，使无序的垃圾通过自身代谢整合为有序的高蛋白。

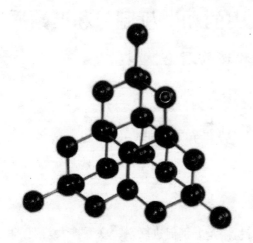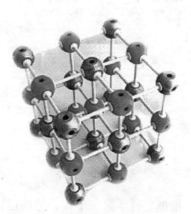

图 9-1　金刚石分子结构　　　　　　　图 9-2　石墨分子结构

计算机的大势使其能够广泛地应用于各种领域。各种问题之所以都可以用计算机来处理，就在于计算机用 0 和 1 的对称与逻辑和非逻辑的对称（计算机是一个逻辑系统，但运算的核心却是 $N = N + 1$ 的非逻辑）使其具有无限大的信息量、营造了无限大的信息势。耐人寻味的是，计算机已经战胜了象棋大师，却至今没有战胜围棋大师，其根本原因就在于围棋"统一规则下的黑白对称"与计算机"统一规则下的 0 和 1 的对称"具有同样大的信息量，因而具有同样大的信息势，而象棋车、马、炮、士、象各按不同的规则行走，使整体规则不统一，制度不统一，在同样差别下联系不紧而削减了势。也就是说，象棋所具有的信息量没有计算机所具有的信息量大，所以计算机才可以战胜象棋大师。就像盖尔曼在其《夸克与美洲豹》中所说的，象棋用复杂构造复杂就不可能太复杂，而围棋用简单构造复杂才可能更复杂，由此也说明应对复杂的根本战略就是通过抽象达到简单构造对称；网络的大势在于网络上"既可以全真也可以全假"，"真假对称"包含了极大的信息量、营造了强大的信息势，由此吸引着小孩不吃不睡迷恋网络。

在社会领域，大凡领袖人物，没有不用对称性营造大势的。马克思和恩格斯既具有深厚的文史哲修养，又具有良好的数理化功底；既是伟大的思想家，又是科学理论家；他们在社会科学领域的贡献众所周知，而对于自然科学，马克思的数学手稿和恩格斯的自然辩证法也举世闻名。最为典型的是毛泽东：既重视理论的哲学抽象（《矛盾论》、《实践论》），又重视实践的社会探索（《湖南农民运动考察报告》）；既有浪漫诗人的风格，又具精明政治家的风度；既是传统文化的典型代表，又被称为西方后现代解构主义的大师（西方人评价说，资本主义如此强大也不敢批判自己，而毛泽东则经常解剖自己），如此营造的权威强势在民众心中几乎成为神圣。

管理的核心是应对不确定性，前已述及，管理者具有的信息量越大，势越大，能消除的不确定性就越多。因为对称化元素营造的势最大，所以管理就需要对称化管理。

在几种具有中国特色的管理理论中，席酉民教授的和谐管理理论用"和则"与"协则"的对称性营造管理信息势；鞠强提出的"二元平衡管理"理论，用科学逻辑的语言说就是"二元对称化管理"；由徐飞和高隆昌所著的《二象对偶空间与管理学二象论——管理科学基础探索》[3]则更加从数学和逻辑的基本层面上揭示了物质世界与人类社会结构本质的二象对称性和管理学理论应具有的内在二象对称性。数学以及物理中的种种逻辑悖论和管理及人性中的"二律背反"规定着管理必须是对称化管理[4]。

数学可以检验真理，也可以用来发现真理，但并不是所有的真理都一定要用数学推导出来。历史上像毛泽东这样的伟人以及许多没有学习数学的大作家、大诗人、大艺术家、政治家和企业家，都是依靠他们丰富的个人经历和天才的整体直觉领悟能力而达到真理的，所以，并不是所有的人都需要学习数学才能成才。然而，无论在什么情况下，物质世界的规律特别是势科学机制和对称性规律却总是可以很好地帮助人们提高应对社会问题的整体直觉领悟能力。整体直觉本质上是最深刻的抽象。整体直觉的逻辑本质就是通过大脑和思维"求导"，而不是用纸和笔"求导"。就是说是通过大脑思维将差别很大的各种信息联系起来，将差别很大的各种知识联系起来，将不同的方法联系起来融会贯通灵活应用，变成解决复杂问题的实际能力。

对称性极化营造了各种原初大势，推动着宇宙万物的发展和演化："道"有阴阳对称，推动着太极世界的演化；"力"有正负对称，推动着宇宙世界的演化，"性"有雌雄对称，推动着生物世界的演化，"情"有爱恨对称，推动着人类社会的发展；"人"有理性和感性的对称，推动着人才和组织的成长。

另外，在社会愈加强烈的信息化过程中，社会的总体信息量越来越大，信息势越来越强，对称性极化在各个方面凸显。就经济层面及社会层面而言，一方面是通货膨胀，另一方面是消费不足；一方面是许多高级岗位空缺，另一方面是高学历人才难以就业；一方面忙的人越来越忙，另一方面闲的人越来越闲；一方面是大女小男，另一方面是老夫少妻；一方面是高雅艺术的彰显，另一方面是低俗文化的盛行；一方面是新房的空置率越来越高，另一方面是需要住房的人越来越多。就信息人个体的发展而言，一方面越来越信息化、追求信息的营养，另一方面越来越生物化、追求生物性舒适；一方面越来越注重内在素质和修养，另一方面越来越讲究外在漂亮和打扮；一方面追求广泛交往和自我实现，另一方面越来越喜欢安宁甚至孤独；一方面追求信息人的信息快乐（后现代主义的繁荣），另一方面追求生物人的食性感受（身体哲学的兴起）。在不断增长的信息势的推动下，一个所谓的"风流才子"的时代正在到来。

综观万事万物，从物质宇宙到生物世界再到人类社会，从基本粒子的对称到晶体结构的对称以及生物体的对称和人类社会中的种种对称，我们领教了对称性具有的极大普遍性及"对称性支配相互作用"的内在逻辑和强大的威力，以致许多物理学、化学乃至生物学的诺贝尔奖获奖者都以对称性研究为主线，经济学家研究信息的对称与不对称也获得了诺贝尔奖。而对称性则是势的基本运行机制——"差别促进联系，联系扩大差别"所使然。物理学家为什么只告诉我们"对称性支配相互作用"呢？可能的原因是物理中的运动太快了，一秒钟30万千米的速度，还没来得及看就已经对称了。

二、对称可怕而难实现

美国物理学家阿·热写了有关对称性的伟大著作《可怕的对称》[5]，对称为什么是可怕的，我们从物理学中是难以感受到的。笔者曾经在向一位博受尊敬的院士介绍势科学理论研究对称性机制时，谈到太极图的对称和道家理论中的对称，他说每一次看到这种对称就觉得强大而具有恐惧感。对称之所以可怕，一方面在于对称涉及"无限"，另一方面因为对称隐喻着暴力。实际上，追溯"势"意义的本源可能就是暴力。势字由"执"字和"力"字构成，而"力"字是由"刀"字的一撇出头构成的，其象征意义是一个"带把的刀"。可见，一个武士手执一把带把的刀，这就是势！所以，势的原本意义就是暴力。而对称势最大，所以，对称隐喻着强大的暴力，因而才有"可怕的对称"。

有关对称涉及无限的过程，在此就以经济学中证券投资理论的发展为例加以陈述。

按照势科学理论揭示的信息作用的势运行机制，产生完全对称要求的苛刻条件的绝好实例体现在证券投资方法的研究中。丁志国在《大道至简》一书中进行了详细陈述[6]。证券投资的方法，一共经历了四个主要的发展阶段：1882年的技术分析理论；1934年的价值投资理论；1952年的组合投资理论；1979年的行为金融投资理论。四个不同的投资理论，标志着市场中信息作用不断强化以致达到市场完善的不同程度，表达了证券业发展的四个不同阶段。

技术分析理论基于以牛顿惯性定律为基础的"道氏理论"，认为股票涨的时候会涨过头，跌的时候会跌过头。价值投资理论以上市公司的基本信息为投资价值判断的标准。组合投资理论的诞生标志着投资分析理论的一次革命。1952年，芝加哥大学的博士研究生哈里·马克维兹发表了一篇14页的论文——"投资组合选择"，运用复杂的数学逻辑给出了期望收益与风险之间的关系，其数学推导是近乎完美的，从此复杂的数学逻辑成了组合投资理论最重要的标签（基金投资人所说的投资组合依据的就是组合投资理论）。组合投资理论认为投资的回报源自投资者在市场中所承受的风险，是对风险承受的一种补偿，两者之间存在着确定的关系，即风险与回报的对称性关系。

组合投资理论要求的，即达到风险与回报对称的三个十分苛刻的条件：信息收集成本为零，交易成本为零以及投资者的共同预期，说明完全的对称实际上是难以实现的。丁志国博士指出："信息收集成本为零，指的是对上市公司和市场信息的收集和处理是不需要成本的，这显然是不可能的。信息本身可能是公开和免费的，但是收集和处理一定存在机会成本，因此不可能是免费的；交易成本为零则要求市场中对交易免除一切费用，这在全世界所有市场中也是不存在的，而投资者的共同预期假设，则是要求市场中的所有投资者针对相同的信息得出相同的判断，这更加是不可能的。"[6]三个条件实际上就是要求信息完全公开，信息作用没有阻尼，投资者完全一致，从而形成信息作用差别无限大联系无限紧，即股票市场中信息量无限大，信息势无限强，由此才能产生风险与回报的完全对称。这不仅在股票市场很难达到，对称在理论上的"无限性"要求在许多情景中都是难以实现的。我们所说的相反相成即对称，实际上相反即差别无限大，相成即联系无限紧，两个无限都是难以实现的，所以实际存在的所有对称都是近似的。

对称之所以是可怕的，就在于在接近对称的邻域内，在信息量无限大、信息势无限大、信息作用无限强的情况下，人们承受的信息力作用会无限大，因而心理压力会无限大，由此产生危机感和焦虑感。在证券投资达到接近组合投资要求的条件时，市场信息量无限大，投资信息势无限大，从而使投资者（事中人）心理压力无限大，情感的波动就会彰显，内心的焦虑随即产生，从而呈现为"可怕"。正因为如此，还没有等到组合投资理论的条件成熟，在证券投资领域就产生了关注情感波动的行为金融投资理论。行为金融学最为关注的是投资者情绪，通常是一个非常难以把握和度量的指标。因此，对投资者行为的研究，也还没有形成完整的理论体系。

1969 年，芝加哥大学教授尤金·法码提出了有效市场假说，对各种投资理论的适用性进行了总结。丁志国博士指出："尤金·法码认为市场存在三种有效状态：弱式有效、半强有效、强式有效。这是三种逐渐加强的市场状态，就像三级向上的台阶，只有达到弱式有效才有可能达到半强有效，达到了半强有效才有可能达到强式有效。并且，如果市场达到了弱式有效，技术分析就会失效，也就是说市场达到弱式有效时，凭借技术分析是不可能持续获得收益的；如果市场达到半强有效，则价值投资将会失效；只有市场达到强式有效，组合投资理论的假设条件才能得到真正的满足。"[6] 由此可见，随着信息作用的强化，抽象程度低的理论将一个个失效而被淘汰，而在数学上达到高度抽象、完全对称的组合投资理论，在实践中又是难以实现的。这就是理论与实践的二律悖反，但也正是科学发展的内在机制。

组合投资理论的复杂数学计算，其结果却是势科学理论可以一目了然的风险与回报的对称，而复杂的博弈论计算的分蛋糕机制设计理论，在势科学理论的视域中同样直观，只不过是差别最大联系最紧的"分"与"拿"的对称。还有下一节将要介绍的职员与领导博弈的、可以由势科学理论直接得到的博弈群，也是博弈论第二次获诺贝尔奖的结论之一。所有种种，足以鉴证势科学理论是一个真正高度抽象而又简明单纯的、可以与直觉紧密联系从而具有可操作性的地道的科学理论。

第二节　势与群及和谐机制

按照势科学第一定律，系统在势的推动下的运行必然使系统中的元素产生对称，而对称性与泛对称性元素则构成各种具有数学结构的群或泛群，作用越强烈，联系越紧密，极化就越强烈，对称性就越好，泛群就越规整。

一个鲜明的例子是在离心机中，当离心机起步时，转速较低，离心力场较弱，离心势较小，离心力作用不大，加入离心机转鼓中的液固混合物料的微观单元之间的联系松散，分布不均匀，这时离心机转鼓的旋转运动——数学上叫做变换，组成的变换群是泛群，因为旋转变换之间不能完全对称。当离心机达到正常工作时的高转速时，离心力场增强，离心势增大，离心力作用增大，同时物料沿周向的作用力增加，物料微观单元之间的联系加强，迫使原来分布不均匀的物料达到均匀分布（正像市场信息作用加强以后，市场利润分布会趋于均匀一样），转鼓的旋转变换就会变得越来越对称，旋转变换群就会越来越规整。

"群"是十七岁的著名数学家伽罗瓦在研究高次方程根的对称性时发现的（也许我们不知道高次方程的根是如何对称的，但一元二次方程的两个根的对称性是显而易见的），当时某个著名数学家看了他的文章，感到不可理解。群论发现后的一百年中，没有人知道它有什么用，直到量子力学发展起来后，人们才发现，量子力学若没有群论，就像相对论没有黎曼几何一样，无法完整地写出来。不可思议的是，群论为量子力学奠定了基础，从而为半导体、计算机创造了条件，为信息化铺平了道路。然而，蜂拥而来的信息化却催生了更多的"群"或"泛群"。

从物质作用到信息作用，不同的作用营造不同的势，产生不同的对称，形成不同的群，构建不同层次上的和谐。以简化的形式表述如下：

太极造势，乾坤成群——道是恒等元，阴阳是可逆元——乾坤和谐；

宇宙造势，物质成群——真空是恒等元，正反粒子是可逆元——宇宙和谐；

企业造势，经营成群——主业是恒等元，对称化多元经营是可逆元——企业和谐；

制度造势，管理成群——决策是恒等元，实施和监督是可逆元——管理和谐；

管理造势，组织成群——领导是恒等元，对称性素质的成员是可逆元——组织和谐；

文学造势，情节成群——文学情景是恒等元，悲喜交加是可逆元——生活和谐；

思维造势，文化成群——意识是恒等元，科学与宗教、理性与感性、西方文化与东方文化是可逆元——文化和谐；

科学造势，理论成群——空间理论是恒等元，欧氏几何与非欧几何是可逆元；还原理论是恒等元，牛顿定律与相对论是可逆元；互补定理是恒等元，相对论与量子力学是可逆元——理论和谐；在社会学研究中，关系社会学是恒等元，弱关系理论与强关系理论是可逆元。

艺术造势，音乐成群——音乐主题是恒等元，快慢板、高低音部、弦乐管乐、铜管木管、大三和弦与小三和弦、减七和弦与属七和弦是可逆元——音乐和谐；

教育造势，素质成群——爱（情感势）是恒等元，德与智、体与美、处善与进取、理论与实践、高雅与随俗、身体强壮与心理健康、持之以恒与灵活变通是可逆元等——素质和谐。

信息造势，博弈成群——限定选择是恒等元，承诺与威胁是可逆元——博弈和谐。

博弈论获得诺贝尔奖的一个实例，是"博弈成群——博弈和谐"的一个绝好的例证。例如，一个刚刚毕业到某单位工作的学生，首先面对的是与领导在分配工作上的博弈。这时，势科学理论会告诉你，一定要用对称的方法营造具有最大信息量的博弈群，即营造最大的博弈信息势，才能在与领导的博弈中获胜而且和谐相处。这就先要坚守一个恒等元，即限定自己的选择，不能让领导感到你什么都愿意干，不然他可能就会让你干一个最苦的差事；然后应用对称的方法构建两个可逆元，即一边是承诺，一边是威胁。所谓承诺，就是要让领导感到假如某个工作让你干的话，你就比谁都干得好，从而为组织带来收益。所谓威胁，就是要让领导感到假如那个工作不让你干的话，组织就可能存在什么风险，从而发生可能的损失。如此一来，你就用一个博弈群营造了一个最大的信息势，轻而易举地获得了你想要的工作。殊不知在势科学理论看来如此简单直观的博弈方法，却是博弈论用深长的计算获得第二次诺贝尔奖的结果。

一、群的数学概念

在数学上，若给定一个集合，$G \cong \{E, A, B, C, D \cdots\}$，该集合满足四个条件，即恒等元，封闭性，可逆元和结合律，就组成一个"群"。

（1）G 中存在单位元素 $E \in G$，使得对任何 $A \in G$，有 $E \cdot A = A \cdot E = A$，$E$ 叫做单位元或恒等元。

（2）G 中任意两元素 A 和 B 作用或组合得到的元素仍属于 G，即如果 A，$B \varepsilon G$，则 $A \cdot B = C \varepsilon G$，$B \cdot A = D \in G$（一般 $C \neq D$），其中符号"·"表示两元素的作用或组合，既可以是乘也可以是加，这一条件叫做群的封闭性。

（3）对任意元素 $A \in G$，存在一个唯一元素 $B \in G$，使得 $A \cdot B = B \cdot A = E$，$A$ 叫做 B 的逆，B 也叫做 A 的逆。

（4）群元素的组合法则满足结合律，即对于任意 A，B，$C \in G$，有 $A \cdot (B \cdot C) = (A \cdot B) \cdot C$。

可见，这是一个抽象的代数定义，这种定义有利于数学研究，但可能影响学生智力的发挥。针对代数的这种抽象定义，阿诺德（V. I. Arnold）在《论数学教育》一文中指出："一个群又是什么东西呢？代数学家们会这样来教学：这是一个假设的集合，具有两种运算，它们满足一组容易让人忘记的公理。这个定义很容易激起一种自然的抗议：任何一个敏感的人为何会需要这一对运算？'哦，这种数学去死吧'——这就是学生的反应（他很可能将来成为科学强人）。"[7]

"如果我们的出发点不是群而是变换的概念（一个集合到自身的 1—1 映射），则我们绝对将得到不同的局面，这也才更像历史的发展。所有变换的集合被称为一个群，其中任何两个变换的复合仍在此集合内并且每个变换的逆变换也如此。"[7]

为了方便而直观地说明群的意义，从而避免抽象的公理化对于智力的伤害，我们来杜撰阿诺德的教学过程，看几何对称性变换怎样形成群。

对称，简单地说，就是某种变换以后的不变性。如图 9-3 所示，一正方形，旋转 90 度以后，该正方形的位置形态没有变，所以相对于旋转 90 度的变换的不变性就叫做对称，使正方形保持对称的变换叫做对称变换。

该正方形绕垂直穿过纸面的轴的对称变换和逆变换有旋转 90 度、180 度、−270 度、360 度、−90 度、−180 度、270 度、−360 度，分别用 a^1、a^2、a^3、a^4

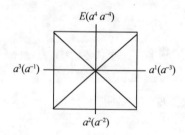

图9-3　正方形旋转变换的十六阶变换群（八个旋转加八个映射）

和 a^{-1}、a^{-2}、a^{-3}、a^{-4} 表示，将正方形原有的位置用 E 表示，代表恒等元。恒等元和以上所有变换元 a^i 组成对称变换群，满足群的四个条件：

(1) 恒等元条件：$E + a^i = a^i + E = a^i$（$i = 1$，2，3，4，-1，-2，-3，-4）

(2) 可逆元条件：$a^i + a^{-i} = a^{-i} + a^i = E$

(3) 封闭性条件：$a^i + a^j = a^j + a^i = a^r$（$i \neq j \neq r$）

(4) 结合律条件：$(a^i + a^j) + a^r = a^i + (a^j + a^r)$

实际上，正方形的对称变换组成了十六阶变换群，包括正反八个旋转变换和以正方形的两条中线和两条对角线为轴的八个反射变换，由此我们可以体会为什么"群"的概念是在研究对称性的时候提出来的。

二、群与和谐机制

第一，一个和谐的标准模型，必须能够囊括从宇宙到社会各种各样的和谐特征或表象。就是说，一个和谐的理论模型，至少应该在归纳典型的和谐特征或表象的基础上抽象概括才能得到。

考察"和谐"的种种自然属性，第一应该注意四种典型的和谐特征或表象：其一是最好的"有序"呈现的和谐，如像自然数的有序呈现的和谐；其二是最平稳的运动呈现的和谐，如机器或轮子不振动地平稳旋转呈现的和谐；其三是世界万物相辅相成，既相互竞争，又相互依赖呈现的和谐；其四是具有相同元素的集合构成的和谐，诸如全同粒子的和谐、晶体结构的和谐以及日常生活中地板砖构成的和谐和自给自足的传统社会"万众一心"的和谐，等等。实际上，能够完整而逻辑地包含以上四种典型的和谐表象所具有的统一的内在机制，以及其他任一和谐结构的逻辑本质的数学只有数学群论。前三种和谐结构是数学的变换群结构，第四种和谐结构是数学的置换群结构。所以，群结构是和谐的数学模型，囊括了所有的和谐表象。自然数的和谐和宇宙万物的和谐是静态的群结构和谐，机器或轮子平稳而不振动运行的和谐是动态的群结构和谐。

第二，一个标准的和谐理论模型应该揭示和谐生成的动力学机制，因为宇宙万物的种种和谐都是在物质作用或信息作用中产生的，必然具有内部生成的逻辑，也就是说，一个标准的和谐理论模型必须能够逻辑地演绎出来。

因为势科学理论揭示了世界万物演化与发展的动力学机制，所以和谐理论的数学群标准模型应该完全可以在势科学理论基础上演绎出来。按照势科学原理第一定律和第三定律，势的运行机制是差别促进联系，联系扩大差别，最后达到差别最大，即相反；联系最紧，即相同，既相反又相同就叫相反相成，即对称，所以对称势最大，而对称或泛对称元素构成具有数学结构的群或泛群。所以，世界万物的和谐结构都具有数学群的结构：如前所述，稳定和谐的宇宙世界形成粒子群、分子点群、晶体空间群和星系泛群，能生存下来有竞争力而且和谐相处的生物形成生物泛群、植物泛群、动物泛群，有竞争力的和谐而稳定的社会形态构成组织泛群、社会泛群、管理泛群及人才的素质泛群等。

由此可见，我们从归纳和演绎两个向度得到完全一致的结论：数学结构的群是营造和谐强势的标准模型。在这个和谐的基本定义基础上，我们来进一步分析和谐的逻辑机制。

根据先前给出的群的数学定义，自然数（0，1，2，3，4…；－1，－2，－3，－4…）的加法作用形成群，0是恒等元。0加任何数等于0，满足恒等元条件；对于任意一个正数，可以找到一个可逆的负数，二者相加等于恒等元0，满足可逆元条件；任意两个自然数相加等于第三个数，第三个数还是一个自然数，满足封闭性条件；任意三个自然数相加不分先后顺序，满足结合律条件。所以，自然数的结构秩序就是一个成群而和谐的结构秩序。

同样，有理数的加法作用也形成群，实数将零除外的乘法作用也形成群，1是恒等元。所以，有理数、实数都具有成群而和谐的结构秩序。

本质上，和谐结构的作用机制就是系统元素的对称性。元素的置换对称构成置换群，如所有的全同粒子的置换、地板砖的置换、数字集合中的置换以及"万众一心"的元素构成的集合中的置换等；元素的变换对称构成变换群，如正方形在空间中的旋转变换、正多边形的旋转变换及轮子的旋转变换（图9-4）等。但由于正方形、正多边形和轮子具有不同程度的对称性，所以这些对称变换构成的群也是有区别的。其中正方形与正多边形的对称变换的数目是有限的（例如，正方形的对称变换构成的群是十六阶变换群，包括正反八个旋转变换和以正方形的两条中线和两条对角线为轴的八个反射变换），而轮子的对称变换的数目是无限的，所以正方形和正多边形的旋转变换构成的群叫有限阶群，轮子的旋转变换构成的群叫无限阶群。群的阶数越高，其和谐的程度就越好。由此，我们需要进一步研究保证某一对象形成无限阶变换群的物理几何条件，同时进一步演绎其社会学意义和教育学意义。

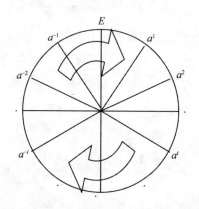

图9-4　轮子运动的和谐模型：轮子的任意小角度的旋转变换形成无限

阶对称变换群——物质和谐运动的数学模型

　　对于一个轮子来说，对准安装、没有椭圆度和质量分布均匀是保证轮子旋转成群、实现平稳和谐运行的基本物理和几何条件。

　　具有椭圆度的和安装偏心的轮子的旋转不成群而震动不和谐是显而易见的，但如果轮子是质量分布不均匀的（就像社会中的分配是不公平的一样），则轮子在运动中照样会产生振动，产生不和谐，最后导致破坏。这是因为质量分布不均匀的轮子的旋转变换不能形成变换群。一个质量分布均匀的轮子的运动之所以是平稳的、和谐的，就在于这样的轮子在运动中，虽然沿半径方向上的每一点处，由于相对位置不同，对离心力贡献的大小不一样而所受的离心力不一样（就像在一个公平的社会中，每一个人所处的社会位置不一样，对社会的贡献不一样，他得到的分配就不一样），但在同一个半径的圆周上不同点处，所受的离心力却是一样的（就像在公平社会中，具有同样贡献的人所得到的分配是一样的）。这样，轮子的所有旋转运动就形成了一个无限变换群，每一个无限小角度的旋转都是这个群中的一个变换元素：轮子保持不动的旋转是恒等元，不动的旋转与任一旋转相加等于该旋转，符合恒等元条件；对于每一个旋转都有一个相反的旋转与之对应，是可逆元，一个旋转与一个相反的旋转相加等于不转，即两个可逆元作用等于恒等元，符合可逆元条件；任意两个旋转相加所得旋转也是轮子的一个可能的旋转，这是变换群的封闭性；任意三个旋转相加与先后次序无关，是群的结合律。由此可见，一个均匀质量分布的、没有椭圆度的轮子在对准安装下的旋转运动就实现了一个变换群，所以这样的运动才是和谐的、平稳的。

有关对称与和谐的关系，杨振宁指出："希腊哲学家由于直觉而执迷的一个想法，即对称（或和谐）是宇宙结构的基本要素，其实并没有错——只要我们懂得用数学准确地把对称观念表达出来就成了。"[1]

在自然界，除了机器或轮子这种平稳而不振动运行的变换对称构成的动态和谐群结构以外，更加普遍的是各种各样的静态和谐群结构，前已述及。物质作用产生了元素结构群、基本离子群、分子点群、晶体空间群及星系泛群、生物泛群，所以宇宙和谐；信息作用产生了各种各样的社会泛群[8]，社会才能和谐。社会群是社会和谐的数学模型。

三、和谐机制的案例研究

我们应用数学的逻辑证明了什么是和谐，而且推导出社会群是社会和谐的数学群模型，但并不是所有的和谐都只有懂得了数学才能达到。有悟性的智者们总是依靠敏感的领悟能力，通过增强势把握对称而跳过数学的逻辑达到和谐。毛泽东就是典型，他可以说不懂数学，但他精明的政治家和浪漫的诗人的风格对称、传统文化的典范和后现代解构主义大师的文化对称以及他既无限崇尚理论研究又十分重视社会实践的科学精神的对称使他构建了自身素质的完美和谐，营造了无与伦比的信息人大势。

一些企业家或在重要岗位上的领导不懂数学，而且，即使懂数学也不可能计算以后再实施领导或管理，他们总是凭借整体的直觉和领悟能力将差别巨大的许多问题紧密联系起来，营造管理信息势或领导信息势，甚至能够直接跨越逻辑领悟到数学要求的"独立性、相容性、完备性"以及对称性营造信息强势的势科学机制，构成群的和谐结构来实施领导和管理。就一个有智慧的领导的讲话来说，他总是会围绕一个主题展开（相容性），干净利索地讲几个方面的问题（避免重复而线性相关，即独立性），所讲的几个方面总是尽可能地概括目前组织面临的所有重要问题（完备性），由此已经达到了数学要求的独立性、相容性和完备性，差别大联系紧，生产了巨大的信息量，营造了强大的信息势。而更有智慧的领导或企业家还可能潜移默化地总是将所讲的几个方面对称起来：有外交的有内务的；有生产的有管理的；有研发的有营销的；有强调组织制度的有弘扬文化氛围的；有鼓励刻苦钻研的有倡导灵活变通的，等等。如此一来，讲话的主题是恒等元，而两两对称的几个方面是可逆元，所以讲话就构成具有数学结构的和谐泛群，包含着最大的信息量，营造了最大的信息势，迎来的肯定是喝彩和敬佩，既提升了领导力又构建了执行力。

同样，一个聪明的、有智慧的大学毕业生，他可能不是学数学的，更可能不懂群论，但他在求职过程中可能会潜移默化地构建博弈群的和谐机制来生产巨大的信息量、营造强大的信息势，跟应聘单位的领导博弈。前已述及。

易中天依靠整体的直觉领悟到了有关色彩构成的色彩群结构的和谐。他在《灰色的孔子和多彩的世界》中指出，"所谓没有色彩，无非就是灰色，灰色的色彩感不强，可以视为不是色彩的色彩，但又是最具普适性的色彩，因而它可以和所有色彩搭配"，"生命之树常青，而理论往往是灰色的……正因为有了生活的五彩缤纷，理论的灰色才不显得死寂；正因为有了思想的高贵纯粹，纷繁的世界才不至于俗不可耐。灰色提升着品位，而多彩保证了活力。这就是和谐"[9]。实际上，整个色彩元素的集合就构成一个群，灰色元素或者说没有颜色的元素就是数学群中的恒等元，而五彩缤纷的其他色彩构成各种各样的可逆元。

应用势科学提供的和谐理论来考察孔子"和而不同"的和谐命题，则可证明其是一个地道的伪命题。

一个命题要成为真的，必须具有必要条件和充分条件。"和而不同"作为一个命题，其必要条件就是"只有不同的元素才能和谐"。这显然不符合事实，相同的元素只要在某种作用下构成"群"就能和谐。所有的全同粒子，如光子都是相同的，但它们是和谐的，因为它们的相互置换作用构成了置换群；同一型号的地板砖也是相同的，但可以铺设成和谐的图案；同一类砌墙砖也是一样的，但可以构建成漂亮和谐的各种建筑，因为它们的相互置换作用也构成了置换群；在自给自足的传统社会，产品单调、消费不变、心理趋同，人人都是差不多一样的，但可以"万众一心"，照样是和谐的，同样是一种置换群的和谐。可见，

"和而不同"不具备必要条件。

"和而不同"的充分条件是"只要是不相同的元素就能和谐"。这显然是错误的，乱七八糟的不同元素放在一起是大杂烩，而不是和谐。就一个组织来说，由不加选择的乱七八糟的成员构成的组织，只可能混乱无秩序甚至钩心斗角而不可能和谐。不相同的元素必须在一个数学上叫做"恒等元"的统率下，又具有互补性、对称性，从而在某种变换作用下构成变换群的元素集合才能达到和谐。对于一个组织来说，必须是在统一价值观（活的象征就是组织领导）主导下具有对称性、互补性素质的成员才能构成和谐的组织。可见，"和而不同"也不具备充分条件。所以，既不具有"必要条件"又不具备"充分条件"的"和而不同"是一个伪命题。

人类的社会化过程是一个不断从置换群结构到变换群结构的和谐发展过程，是一个信息势不断增加的过程。如果农村自给自足的生活方式是一个近似的置换泛群，则城市分工不断细化的生活方式就是一个近似的变换泛群，显然变换群中的差别更大联系更紧，因而更有序，信息量更大势更大，所以才有农民从农村向城市的流动。在这里，势产生的是一种吸引（像引力势）。实际上，对于任何一种信息势而言，在势场中本身信息从势大的一端流向势小的一端的同时，会吸引资源从势小的一端流向势大的一端。例如，之所以有农民劳动力资源从农村流向城市，是因为有货币信息需要从城市流向农村，寻找最大利润。蒙牛企业的牛根生所说的"钱聚人散，钱散人聚"也是同样的道理。又如，在技术信息势场中，当技术信息从技术高端流向技术低端的时候，货币信息就会从技术低端流向技术高端。在这些流动过程中，人类和谐也从低层次走向高层次，其中动力学机制就是在势推动下从置换对称到对称破缺，再到变换对称的发展过程。

第三节　信息人和谐的理论模型

不考虑时间，物质空间是三维的，所以，物质人生存在三维空间；意识空间是六维的，即货币意识、权力意识、知识意识、情感意识、艺术意识和虚拟抽象意识，所以信息人生存在六维空间。在物质生产和消费时代，吃得好就自信；在信息生产和消费时代，信息营养丰富就自信。无可置疑，钱越多越自信，官越大越自信，知识越多越自信，情感越丰富（朋友越多）越自信，艺术修养越高越自信，虚拟能力（抽象能力）越好越自信。

前已述及（第二章），信息人理论的科学性最逻辑的验证是六维信息人的两两对称——货币信息与情感信息的对称、权力信息与艺术信息的对称、知识信息与虚拟抽象信息的对称构成的可逆元集合、以"信息人"为恒等元形成数学结构的群。这种数学结构的群构成了信息人和谐的理论模型，如图9-5所示。

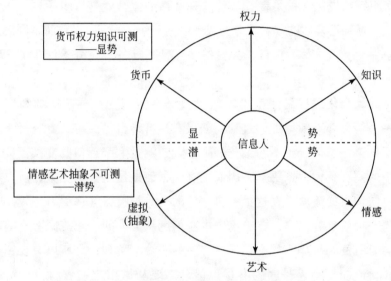

图9-5　信息人和谐的数学泛群模型

注：自旋半径和方向的差别——个性化；货币靠情感来把握；权力靠艺术来实现；

知识靠抽象来提升；显势靠潜势来驾驭

由于六维信息人表达着六维信息势，货币、权力、知识是可以度量的显势（有钱有势、有权有势、知识就是力量），情感、艺术和虚拟抽象是不可度量的潜势。所以，以上六维信息人的对称性实际上表达着显势与潜势之间的整体对称性，六维信息人的和谐表达着信息人显势与潜势的整体和谐。

如图9-5所示，首先是货币与情感的对称性。货币靠情感来把握，钱越多，与钱对称的情感要求也就越高。为什么要进行薪酬管理，首先，薪即钱，酬即知恩图报，只顾发钱，不顾及情感反应，则可能滋生为认钱不认人，像俗语所说"狼儿子喂成了虎儿子"；其次是由于权力与艺术的对称性。权力靠艺术来实现，权力越大，领导的艺术性要求就越高。实际上我们也常常看到，处于高层的领导，其为人处世以及处理问题的方法也越文明，越具有艺术性，而生产队长则可能不讲究管理艺术而老是骂娘！李京文院士在"创新发展有中国特色的管理科学——兼评'和合管理'"一文中指出[10]："管理是在一定的理念指导下为了实现既定目标的系统工程，并需要通过组织综合运用相宜的领导艺术来实现这一系统工程的实践过程……以中国为代表的东方管理学重理念，认为理念是管理的活的灵魂，并且同时重视管理过程的系统性和管理艺术的综合运用，认为管理艺术是贯彻和实现管理理念的关键。"由此，也阐明了权力靠艺术来实现的对称化机制；最后是知识与虚拟抽象的对称性。知识靠抽象来提升，知识越多，抽象能力越好，才能将众多的知识联系起来形成更高层次上的信息势产生创新。不然，知识的零散和杂乱就可能使知识成为教条，也就是人们常说的"书呆子"。所以，一个人必须使自己的显势与潜势对称，用潜势来驾驭显势，才能成为和谐的信息人。在信息化推动的现代教育中，由于现代社会的竞争越来越不能依靠知识，而是越来越需要整体的选择判断和创新能力，所以信息人和谐的理论模型具有重要的时代意义和实践价值。

信息人的和谐使信息人在信息空间中的活动构建的几何模型，可以像一个轮子在物质空间中的运动一样产生自旋，从而形成既可以守又可以攻的竞争态势。一个不动的轮子可以任人摆布，一个高速旋转的轮子谁都不敢碰。而且一旦产生自旋，按照右手螺旋定则，就形成一个空间矢量，信息人发展就有了明确的方向。一颗射出枪膛的子弹，必须在枪膛的螺旋线作用下高速旋转，否则在空间中的运动将漂泊不定，无法射准目标。同样，社会的稳定也在于社会和谐后在社会信息空间中的运动产生自旋，和谐程度越高，相当于自旋速度越高，社会就越稳定。不仅如此，所有长寿命的基本粒子都有自旋，所有的天体也都在自旋，因此才能保证在宇宙中稳定演化。

第四节 素质和谐的理论模型

素质教育成了现代教育的核心主题。但教育理论的逻辑缺失，不能为人们揭示人才整体素质（或叫做综合素质）的具体结构，致使许多教育专家笔下产生了"全面素质"教育的误导，导致了素质教育的迷茫和困惑。

在势科学理论基础上的教育动力学可以明确的阐述，人们真正有竞争力的素质的逻辑结构是符合数学群结构的"和谐素质"。在传统社会信息作用的较低层次上表现为以"爱"（情感势）为恒等元，"德、智、体、美"两两对称的素质为可逆元构成的五阶素质泛群（德与智对称，构成可逆元，体与美对称，构成可逆元），如图9-6所示。

传统和谐素质群模型——传统素质自旋稳定性模型

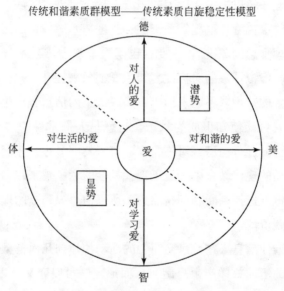

图9-6　传统社会以爱为恒等元的四维对称的五阶素质泛群

注：成群产生自旋，粒子自旋，天体自旋，子弹自旋，素质成群而自旋，自旋既可以稳定防守，
又可以准确进攻，自旋形成矢量而具有方向目标；德和美不可测度——潜势；体和智可测
度——显势；"智"靠"德"来支撑；"体"靠"美"来滋养；显势靠潜势来驾驭

在和谐素质的形成过程中，恒等元"爱"（或激情）扮演着动力机制中的生成元。在实际的教育过程中，杜绝就事论事的具有丰富信息量，即强大信息势的教育，在根本上激励强烈的情感信息势，在强烈的情感势推动下，一方面，情感势与意识流的非平衡非线性作用产生知识与方法的有序结构——智慧素质，强烈的情感势促使理性觉醒产生道德的升华形成道德素质；另一方面，强烈的情感势产生生活和生长的激情滋润着身体的健康，也产生对审美的追求形成美育素质。而德与智对称（在传统社会中有古训"无才便是德"——传统教育强调记忆而不强调"爱"，在情感一定时有一种对称性就有一种守恒量——诺特定理），体与美对称（体是外在的，美是内在的），从而形成传统社会四维对称的"五阶素质群"，构成传统素质的和谐机制。

在传统和谐素质模型（图9-6）中，"德"和"美"不可测度，是"潜势"；"智"和"体"在一定程度上有限可测（以学历和体检指标表征），是"显势"。显势与潜势在图中用虚线相隔。"智"靠"德"来支撑，"体"靠"美"来滋养，"显势"靠"潜势"来驾驭。

在信息化时代各种强大的信息势作用中，德、智、体、美的内在信息激化发生对称破缺，产生相变和分岔，形成了更高层次上"处善"和"进取"、"理论"和"实践"、"身体强壮"和"心理健康"以及"竞雅"和"随俗"的两两对称。在传统社会，"德"的核心意义是"善"，"智"的核心意义是"知识"，但在信息人时代的强大信息势作用下，德与智的对称破缺，"德"被激化为"处善"和"进取"，形成更深层次上的对称；"智"被激化为"理论"与"实践"，形成更深层次上的对称。同样，在传统社会，"美"的核心意义是"雅"，"体"的核心意义是"身体健康"，但在信息人社会的强大信息势推动下，"美"被激化为"竞雅"和"随俗"，"体"被激化为"身体强壮"和"心理健康"，形成了更深层次上的对称。由此以"爱"（激情）为恒等元，形成了现代社会的九阶和谐素质泛群，传统素质的低维对称和谐提升到现代素质的高维对称和谐，包含的信息量更大、信息势更强、竞争力更好，如图9-7所示。

图9-7 现代和谐素质群模型——现代素质自旋稳定性模型

注：具有含蓄特征的随俗、理论、健康、为善——潜势；具有彰显特征的竞雅、实践、强壮、进取——显势

　　在现代和谐素质的形成过程中，其恒等元"爱"（激情）同样扮演着动力机制中的生成元，因为"热爱百姓"产生"处善"；因为"追求民主"产生"进取"；因为"喜欢抽象"形成"理论"；因为"勇于挑战"乐于"实践"；因为"勇于锻炼"才"身体强壮"；因为"喜欢沟通"才"心理健康"；因为"追求艺术"才需要"竟雅"；因为"热爱和谐"才入乡"随俗"。

　　信息人社会的人才素质，从传统四维素质的对称破缺，激化为八维素质对称的过程，如图9-8所示。

图9-8　现代社会信息环境下人类素质的激化过程

　　实际上，按照传统文化的溯源，人类在原生态时，德和智是融为一体的，智者德也，德者智也，德和智统一于"性"；体与美也被集于一身，强壮者美也，美丽者壮也，体和美统一于"灵"。由于人类在社会交往中产生信息作用，"性"激化为道德和智慧，"灵"激化为肉体和审美。正如一个小孩的生理成长过程再现着人类生物进化的历史一样，一个小孩的社会成长过程（在传统教育约束下，随着知识和智慧的增加，善良不断削减）也再现了人类社会的发展历史。

　　素质的这种对称性激化后形成更高层次上对称的现实是有目共睹的。就"德"激化为"处善"与"进取"的现实而言，一方面是以儒学（为善）为核心的国学的兴起，另一方面是追求民主的进取精神的弘扬。看看今天的书店，弘扬"狼精神"的书与日俱增，而现实中也将小孩追求民主的竞争意识作为重要的德性判断。一味追求处善，社会就会滋生骗子，不加抵制和揭露，社会的正气就不能得到弘扬，社会整体的道德风尚就无法形成。而且信息化社会竞争是时代的主题，如果只强调与人为善，不注重个人奋斗，积极主动，就很难立足于社会。

　　就"智"激化为"理论"与"实践"而言，一方面是对高学历的追求，研究生、博士成为一代青年人的向往；另一方面实践教育更加突出，就业市场第一看得就是有没有工作经验，当然根本的社会逻辑机制还在于，没有理论的抽象，知识就不能融会贯通而可能成为教条；没有实践的应对能力，就无法参与社会竞争。

就"体"激化为"身体强壮"与"心理健康"而言，身体健康的重要性在任何时候都是必须强调的，而心理健康也成为信息人社会日益凸显的社会问题，更加引起教育界的关注；就"美"激化为"竞雅"与"随俗"而言，"雅"作为审美的核心元素是永恒的，然而"俗"也成为信息人社会构建和谐审美的重要路径。不然，我们就无法理解小沈阳的走红，张广天艺术在知识界受到的关注，芙蓉姐姐在网上的轰动，"超女"大赛中王新被直点50强和最终评出的具有中性特质的"超女"冠军，梦想中国大赛中的第二名半男半女的打扮，陕西电视台开坛栏目探讨的"文学的触底反弹——文学的粗鄙化"（2005年10月8日），美国走音天王的走红和"我爱你就像老鼠爱大米"等歌曲的流行，所有这些，正在预示着素质"美"从"雅"到"俗"的激化和对称。就是说，一个人的美育素质，必须构建从"雅"到"俗"的美感信息张力，既能居高竞雅，又能入乡随俗构建和谐，进而从根本上实现"雅俗共赏"，才能理解"我爱你"就像"老鼠爱大米"的时代意义！

在现代和谐素质模型图图9-7中，"进取"、"实践"、"竞雅"和"身体强壮"是具有彰显特征的"显势"，"处善"、"理论"、"随俗"和"心理健康"是具有默化特征的"潜势"。"进取"靠"处善"来支撑，"实践"靠"理论"来指导，"竞雅"靠"随俗"来包容，"身体强壮"靠"心理健康"来滋润，"显势"靠"潜势"来驾驭。显势与潜势在图中用虚线相隔。

素质和谐无疑使个体素质在信息空间形成几何性自旋，从而使素质保持稳定并具有明确方向地发展和成长。素质的和谐程度越好，就相当于自旋速度越高、素质越稳定、发展的方向越明确、"攻守兼备"竞争力越好、成长的效率越高。许多学生情绪浮躁、感到迷茫和困惑，就在于素质不和谐而不能自旋，没有自旋特征的素质既不能稳定又没有方向，在社会信息空间漂泊不定，不仅影响成长，而且威胁生存。

第五节　情感势作为和谐素质恒等元教育的历史溯源

关于"爱"的教育，即激励情感信息势的教育在人才成长中的重要地位，的确由势科学理论在逻辑层面给出了有力的证明。但我们一再强调，并不是所有的真理一定要通过逻辑才能被发现，有关情感教育的重要性在势科学理论之前已有许多重要的论著，特别值得一提的是朱小曼教授的《情感教育论纲》。她指出："情感对于人的发展而言是一种基模性的质料，它与生俱来，不断发育成为支持德、智、体、美诸方面素质发展的基础性、内质性材料。"[11]朱小曼教授几乎直白地阐述了情感教育在德、智、体、美和谐素质中扮演的恒等元角色，而且提出了"情感性素质教育模式"，"即以重视人的情感培育为教育的切入口，关注情感在人的发展中的基础作用和积极影响，并且运用情感机制和条件，使情感性品质支持人在德、智、体、美、劳等方面素质的发展"[11]。这里提出的有关"劳"的教育，其实就是我们在上一节中阐述的现代和谐素质中的有关"实践"教育的内容。

朱小曼教授详细地阐述了情感在人的发展过程中的具体作用：第一，人早期比较原始、自然的情感与生俱来，情感发展伴随人的一生直到死亡。其发生比语言早，而消退一般要比语言晚；第二，在生命早期，如恰当的情感应答关系、儿童的正当情感需求得以顺畅表达，这种顺畅的情感经验带来的安全感、自我悦纳感和惬意感，是人形成诚实、善良、宽容、敦厚的品质的至关重要的心理基础；第三，人与人的交往过程其实是借助情感来确定其选择方向的。用吉塔连科的话说，"现代心理学已经证明人在交往过程中是以激情定向的"；第四，情感，由于它的发动所引发的全身性神经系统工作以及所携带的荷尔蒙能量，使其成为推动人定向行动的内在动力。有了以情感为基础的内在定向和动力系统，便能从个体内部监控、指挥人的行为。如果这一情感活动总能与认知活动相互支持，那便能从内部保障一个人持续、自主地发展；第五，情绪、情感具有放大和强化作用。任何一种表达，如果带有浓厚的情绪和情感色彩，传递效应就可能被放大和增强。又由于情绪、情感具有相互感染、分享等特点，它对人起到自我激励与激励他人的作用，还起到人际间相互依存、承认的作用。其对个体生命激扬，对群体和谐凝聚的作用，实在是不可低估[11]。可见，朱小曼教授阐述的情感在人的成长过程中的五个方面的作用，主导了人一生的成长过程。特别是第四个方面的作用。真正揭示了情感作为和谐素质形成的恒等元的动力学机制。

情感教育不光是在中国，在国外同样受到重视。朱小曼教授讲述了她在美国夏威夷参加一次有关教育的国际会议时的情景：会议定的专家讲坛，一天为美国日，一天为日本日，一天为中国日。她作为中国日的主讲者事先并不知道其他两国专家的报告主题，她演讲的主题是"中国中小学情感性素质教育的理念及实践模式"，使她惊喜的是"日本日"和"美国日"日本专家和美国专家演讲的主题都是有关情感教育的，她感慨道："当时我的心情真是兴奋至极、难以言表。"[11]

情感作为和谐素质的恒等元（生成元）对于人才成长的作用完全是内在的。心理学家汤姆金斯（S. Tomkins）认为，情感是构成进化成果的一个关键部分，甚至比饥饿、性欲这些基本的内驱力更为重要[12]。"情绪作为一种能量，是由情绪所由产生的脑生理机制及整个生命机体的相应反应决定的。这种能量在人的生理健康水平下不会消失，只会表现为潜在的平和。在没有外界刺激的情况下，这种激情或能量维系着原有的水平，而一旦受到外界的刺激即外化为情绪。"[11]这里所谓的"外在刺激"即我们所说的"信息势激励"。各种"不同的外在刺激"，都是"不同的信息势激励"。"意识在人类身上的发生、发展以及与认知系统的整合，都是情绪的功能"；"意识的第一个机构的性质，基本上是感情性的"[13]。这正是势科学理论所阐述的"信息势激励情感势而情感势作用下产生意识流"的教育和学习机制。

有关情感与智能的关系，朱小曼指出："智能本身可以用逻辑—理智能力来表征，也可以用情感—体验能力来表征。""现实的智能是由潜能转化来的。H.加登纳提出，转化条件是支持性文化情境。我们认为，支持性文化情境是指在个体外部存在着对某些智能及其运用领域持肯定、赞许和鼓励态度的情感氛围，以及对智能早期鉴别开发、助优补弱的措施。由此而来的个体的适应感和成功感又必然成为情感的内环境。相反，如果没有外部和内部感情上的支持，人的许多潜能很可能被压抑下去，并可能逐渐成为一种不一定为人觉察的生理、心理病症。""从潜能到现实的智能必须有情感的参与和支持。"[11]由此可见，情感势作为和谐素质形成的恒等元，早已在教育的历史发展中确立。

美国文化哲学家苏珊·朗格甚至提出："在人的发展的高层次，理性和情感的巨大差别或许是不真实的。理智是一种高级情感形式———一种专门化的高度集中的情感。"[11]实际上，情感在一定程度上是人对于环境或事物及问题的一种高度整体直觉性抽象。例如，许多成功的创业者表现出的激情，正是由于他们对于创业环境及创业问题之间内在联系的高度整体直觉性抽象，达到了一种心中有数、胸有成竹的状态，才能表现得激情澎湃。

第六节　群论及社会群研究的理论意义与实践价值

　　和谐素质的理论模型基于具有数学意义的社会群理论的研究，而具有数学结构的社会群理论研究的难点则在于社会群是泛化的。它既不像数学群一样规整，也不像物质群一样容易分辨，要在纷乱和迷茫中找到规律性就需要仔细而敏锐的观察和深入而耐心的研究。好在随着信息化进程的不断推进，信息作用会越来越强，对称性极化会更加凸显，社会群的特征也会随之清晰［信息作用越强，对称性极化就越强烈，形成的群就越规整：在强作用中，SU（3）群是精确的，电磁作用中的分子点群和晶体空间群也清晰可见，引力作用中的星系群已经十分泛化，生物信息作用中形成的植物群和动物群更加泛化，而在弱作用中，连宇称对称也破缺了］。所以，虽然目前在信息化刚刚起步的信息还不是足够强的作用中，社会群的研究存在着十分泛化的困难，但随着社会信息化的不断推进，社会群的研究前途是光明的。

　　从势科学理论推出"社会群"理论，其突出的特征是不但具有科学的逻辑性，而且具有极大的理论概括性和包容性，将以往社会学研究所说的"社会群体"的概念也完整地镶嵌在其理论框架之中。以往所说的"社会群体"就像赵泽洪和周绍宾在《现代社会学》中所说的，是"让自觉的个性消失"的社会群体，是意识趋同的一群，也就是势科学视域中的社会群理论中所说的"置换群"。而现代社会的个性化过程则显示出传统社会群的置换对称性破缺和信息人社会的变换对称性建立的过程，即信息人时代的"社会群"是一个完全由个性化元素组成的具有"变换对称性"特征的数学群。这种社会理论的创新过程，看起来似乎如此简单，就像从欧氏几何到非欧几何的创新一样，把其中的平行公理变成完全相反的，就得到了一个更加普遍的新理论。但本质上体现了对称化创新的逻辑机制。

　　在商品经济如此发达的现代信息化社会里，信息作用的不断强化，推动了全球化的社会化进程。这种强大的社会化（一种格式化）在深层次上导致了社会人的彻底个性化，在势科学理论之前，没有人注意这种个性化过程应该有什么规律，实际上人们默认这种个性化肯定是没有规律的、乱七八糟的。而只有在势科学理论发现的今天，我们才清楚地看到：社会的个性化过程像一切自然世界的个性化过程一样，原来是一个由"势→对称→群"的规律支配的个性化过程，这无疑从深层次上强化了我们对于宇宙规律的敬仰和科学理论的崇拜。

在势科学理论发现之前，物理学家及杨振宁将"差别促进联系，联系扩大差别，最后产生对称"的势科学机制，概括为"对称性支配相互作用"理论。这种势的运行机制，不但支配着物质信息作用，也制约着生物信息作用与社会信息作用：你伸展双臂，让两小臂平行摆动，当你摆动的速度越来越快的时候，平行摆动就不由自主地变成了对称摆动；一个两岁的小孩，谁都不用去教他，他可以将积木摆成左右对称的样子；对一个问题，如果不讨论，众人的意见会趋同，如果表决则形成单峰的高斯分布，如果展开讨论，即强化信息作用，众人的意见就会极化，表决结果就会形成双峰的对称分布；一个家中，长期的生活作用使老二和老大的性格往往相反，甚至俗语说"一娘生九种"，意指常常生成了具有对称性性格的"孩子群"；而在一个家中，往往在一个具有内向性格而弱势的妈妈怀抱中，会成长出一个具有外向性格而强势的女儿；女校之所以能培养出更加优秀的女生，是因为在只有女生的环境里，就会有一些女生要充当女生中的男生，自我暗示、自我强化就培养出了男孩的气质，而既具有女孩性格又具有男孩气质的对称性素质，营造着更加强大的素质信息势，当然就具有更好的竞争力；更有甚者，如果两个女生长期在一起，仔细观察，会发现一个常常得到另一个的照护，长此以往必然会有一个变得男性化而另一个变得更加女性，说得极端一些，可能个别同性恋也就此产生了。

没有信息化之前，社会是整体对称的，人们总是喜欢和与自己一样的人一起生活，找对象也要门当户对。在信息化社会里，信息化产生了强大的社会化。在社会被局域化的同时，人类被彻底个性化，因而社会的整体对称被局域对称所代替。所以，信息人显然喜欢和与自己对称的、互补的、具有独特个性的人生活在一起。大女小男，老夫少妻，男才女貌的婚姻模式越来越多，甚至"男孩不坏，女孩不爱"也成为一些不能正确把握对称机制的年轻人的时尚。

所以社会群研究必须从社会生活的种种细节入手，深入分析"差别促进联系、联系扩大差别"，从而产生对称的势运行机制，即对称性支配相互作用的内在机制，才能进一步分析社会群生成的内在规律。社会群研究的基本方法将是综合与分析相结合，归纳和演绎相匹配。以社会调查为基础，综合分析各种资料，以势科学理论为指导，合理地过滤次要信息和噪声信息，归纳和分析主要信息，从而演绎出社会群的种种特征和机制。

"群"的思想是伟大的，它对各种现象的统摄性之所以具有如此大的威力，就在于它将哲学在形式上数学化了。恒等元相当于"道"，表达抽象、整体、统一；可逆元是对立事物存在的逻辑表达，既对立又统一于恒等元中；而封闭性及结合律表达对象集合的普遍联系性。所以群论将哲学的对立统一规律和普遍联系的思想作了根本上的形式化、数学化。这就使"群"的思想具备了广泛的概括性和统摄性，既抽象又具体，而且在一定程度上具备了可操作性（而不像哲学那样泛化及难以操作），使它不仅能强有力地描述自然和生命，也能得心应手地描述人文和社会。

尽管如此，群论的应用也并不是一帆风顺的。一方面数学家对群论的意义表现出热忱的偏爱，赫尔曼·外尔（Hermann Weyl）指出："……就我来说，我可以说，想了解相对论形式上的结构背后真正的数学实质是什么的愿望，导致我去研究群的表示和不变式。我在这方面的经验可能不是绝无仅有的。"[2]杨振宁指出："群和连续群的观念把代数、解析与几何连在一起。"[2]克莱因（Klein）认为群会把整个数学统一起来，庞加莱（Poincare）曾说过："……群论就是那个摒弃其内容而化为纯粹形式的整个数学。"然而另一方面，群论的高度抽象却阻碍了后人对它的理解。虽然当今它在物理学中的应用已取得了辉煌的成就，但在群论方法被引入物理（Wegl、Wignor、Neuman 等）的初期（20 世纪 30 年代），甚至在第一流的物理学家当中也发生过反对"群灾难"的倾向，如 Dirac 与 Slatar[6]。杨振宁指出："20 年代的物理学界许多人反对用群论，特别是李群，斥之为'群害'。有人设法避开 SO（3），SO（2）等，宣称杀死了'群龙'，可是现在的物理学家已把李群当做常识。"[2]今天我们将群的思想引入社会科学各领域，怎样把一个如此抽象的概念化为具体，需要各领域专家学者的努力。

群论的无穷威力使我们由衷地崇敬那位只有 21 年生命历程的法国数学家伽罗瓦（Galois，1811～1832 年），是他发明了群论，有学者评价，伽罗瓦生前几个小时的工作够数学家们忙上几个世纪[14]。也使我们想起了 E. T. 贝尔所说的："无论在什么地方，只要能应用群论，就能从一切纷乱与混淆中立刻结晶出简洁与和谐，群的概念是近世科学思想的出色的新工具之一。"[15]也许我们可以期待，在复杂的社会困域和教育迷失中，只要有效地应用"群"这种"近世科学思想的出色的新工具"，就可从社会和教育的"一切纷乱与混淆中立刻结晶出简洁与和谐"。

为什么世界万物以及各种层面上的企业和组织甚至信息人素质都要"成群"？就在于"成群"才能具有生命力、竞争力和成长性。管理中的群表示[4]也可能是一条统一管理理论的有效途径，所以信息人生存的竞争机制就是形成不同层次上的"群"。个人素质必须形成"群"，才能参与社会竞争；组织成员必须形成"群"才能参与企业竞争；产业结构必须形成"群"才能参与国际竞争。群所具有的竞争力在于群中元素的对称性产生了最大的信息量、营造了最大的信息势。

形成群的基本要素是集合中元素的对称性，而对称性的基本定义是"变换以后的不变性"。群之所以具有如此大的威力，就在于对称性的这个含义如此抽象地概括了物质世界和人类社会最为广泛的过程和机制。例如，任何一个实际的过程可以构建一个连续函数的话，那么该函数的运行就形成一个连续群，对于自变量的每一个变化，函数就有一个相应的变化，但函数的结构形式不变，自变量与因变量的关系不变，变换以后的不变性即对称，对称形成群。由此任何一个成功收敛的实际过程都具有群的特征。

不仅如此，每一个人能够收敛的实际生活，都在一定程度和意义上构成群。托夫勒在《未来的冲击》中列举了如此多的实例，以描述在信息化的冲击下，人们怎样以不同的方式构建自己成群而和谐的生活——即托夫勒所说的"个人的安定领域"[16]：

> 的确，依照适应力的原则，极度的变化诚然有害于人类的健康，但是，某种程度的变动却是维系健康所必要的。
>
> 可是，如果深入观察这些人的生活，我们却可发现所谓"安定领域"的存在；他们能不顾其他任何变动，慎重地维持某种持续关系。
>
> 作者曾认识一位男士，他在极短的期间内，经历了多次的恋爱、结婚和离婚。他不断追求变动，对于旅行、新的食物、新的观念、新的电影、新的戏剧和书本都有兴趣。他的智力水平极高，但是易"厌旧"，他不能忍受传统，并且无止境地渴求新奇性。他的确是追求变动者的最佳典范。虽然如此，但经过更深入的观察后，我们发现他10年来一直干着同样的工作。他驾着一部有7年历史的旧汽车，衣服比流行款式落后数年，他的密友是多年来的同事，并且至今仍和学生时代的两三个友

人保持联系。

即他的生活具有变化中的不变性：对称性而成群。

　　另外有一位男士，他和前述的例子不同，他一再更换工作，18 年间搬了 13 次家，时常旅行，汽车是租来的，爱用一用即弃的商品，喜欢比邻居先使用新产品，并以此为豪。就他来说，他生活在变化的旋涡中，这旋涡乃是由短暂性、新奇性以及多样性汇成的。然而，无论如何，他的生活也有着极明显的安定领域存在。在过去 19 年间，他们的夫妇关系一直很好，父子间也极亲密。虽然他交了不少新友人，然而仍然和大学时代的朋友极好地相处。

　　此外，另有一种与此不同的安定领域形态，这种人不管到哪儿旅行，或生活中有任何变动，都仍然保持着以往的生活习惯。例如，某位教授 10 年来搬家 7 次，经常去美国、南美洲、欧洲以及非洲旅行，并且不断地更换工作。然而，他无论到哪里去，都遵循不变的日常生活习惯：早上 8~9 点读书，午饭前做 45 分钟运动，午睡半小时，晚间埋头工作到 10 点钟。

以上所有典型的例证，都表达了生活"变换中的不变性"，即个人现实生活中的对称性。这种对称性形成各人的生活活动性泛群，从而使人们享受生活的意义与和谐。

由自然数的结构、轮子的旋转及社会和谐的数学模型，我们可以看到：这里应用的是一种简单的数学，但又的确是一种高度抽象的和深刻的数学。只有高度的抽象，才能拨开迷雾，摒弃那些无谓的干扰因素，从复杂回归到简单，揭露世界的内在统一而找到事物发展及和谐的根本规律。

参 考 文 献

［1］宁平治等. 杨振宁科教文选——论现代科技发展与人才培养. 天津：南开大学出版社，2001：176，409

［2］杨振宁. 杨振宁文录. 海口：海南出版社，2002：195，270，201

［3］徐飞，高隆昌. 二象对偶空间与管理学二象论——管理科学基础探索. 北京：科学出版社，2005

［4］李德昌. 信息力学与对称化管理. 西安交通大学学报（社会科学版），2004，（2）：13～19

［5］阿·热. 可怕的对称. 荀坤，劳玉军译. 长沙：湖南科学技术出版社，2001

［6］丁志国. 大道至简. 长春：吉林文史出版社，2009：10，11

［7］寸玉鹏. V. I. Arbnld 论数学教育. 科学网电子杂志，2008-05-14

［8］李德昌. 信息化社会的逻辑结构——社会群. 理论界，2005，（2）：110

［9］易中天. 灰色的孔子和多彩的世界——《于丹论语心得》序. 于丹《论语》心得. 北京：中华书局，2006

［10］李京文. 创新发展有中国特色的管理科学——兼评《和合管理》. 管理学报，2007，（2）：141～143

［11］朱小曼. 情感教育论纲. 第二版. 北京：人民出版社，2008：3～6，8～9，12～55

［12］古德 E E，施罗夫 J M，伯克 S 等. 感情是什么. 国外社会科学文摘，1992，（3）：32～34

［13］孟昭兰. 人类情绪. 上海：上海人民出版社，1989

［14］梁昌洪. 话说对称. 北京：科学出版社，2010：3，123

［15］吴文俊. 世界著名科学家传记/数学 V. 北京：科学出版社，1994

［16］阿尔文·托夫勒. 未来的冲击（第二版）. 蔡伸章译. 北京：中信出版社，2006：209，210

第十章　势科学视域中的宇宙和社会及科学与艺术的统一

——通识性教育的逻辑基础

第一节　美的科学定义

在势科学的视域中可以逻辑地定义美："美是形象信息之导数"；在更加内在而广泛的意义上说："美是意象信息之导数"，而导数即斜率、即梯度、即有序、即负熵、即信息（"即"表达剔除现象差别而推进到本质联系的极限过程），所以在信息层次上来说，美的本质就是信息之占有量。一个对象的形象信息之导数值越大，具有的信息量越大就越美。这种信息之美揭示了美的本质，适于一切美的对象。除了前已述及的"清明上河图"展现的各种差别大而联系紧的人物风景包含了巨大的信息量而美，《水浒传》的种种个性化人物凝聚在梁山上营造了巨大信息量展现了美，就漂亮而言，还有同样是由于巨大的生物形象信息量展现的美：一个少女之所以比一个老年人漂亮，是因为少女"眉清目秀"、"五官端正"，像俗语所说"鼻子是鼻子眼是眼"，而且"肌骨丰满、三维凸显、纤手细腰、亭亭玉立"，差别大联系紧，形象信息之导数值大、具有的审美信息量大，所以才漂亮。而一个老人则可能"皮肤松弛、眼帘塌陷、腰圆膀粗，弯腰弓背"，差别消失联系松弛，生物形象信息量削减，当然就无从谈及漂亮了。

按照信息量与信息势的等价性，可以清楚地阐述审美对象美的客观绝对性和主观相对性。每一个审美对象所具有的审美信息量是绝对的，所以美的客观性是绝对的。不同的人之所以对同一个对象的美的感觉不一样，是因为不同的观察者具有的审美信息量不一样。具有的审美信息量大的观察者能更多地理解（识别）对象具有的美感信息，所以感觉更美；而具有的审美知识信息量小的观察者，不能理解（识别）对象的全部美感信息，所以不能认识对象的全部美感，就感到不够美或不美。例如，就科学家的美而言，不是所有的人都能够识别的，一些高学位的优秀女孩之所以愿意嫁给些年老但著名的科学家，是因为她们具有更多的科学的审美信息，才能容易地识别科学家之美。实际上，很难想象一个没有文化的农村姑娘能够认识科学家之美而愿意嫁给一个科学老人。

信息之美具有普适性价值，而且一种信息的抽象度越高，就越容易被识别，其美的价值就能被更多的人所欣赏。例如，一个农村姑娘虽然不具有科学的信息量而不能识别科学家之美，但能够识别财富之美，因为财富即"货币信息"，比科学与文化信息的抽象度更高——货币是万物价值的一种抽象符号，所以其美的价值就能被更多的人所欣赏，以致一个农村姑娘虽然不一定愿意嫁给科学老人，但常常容易嫁给一个有钱的大款或老板。同样，很多人可能听不懂俄语，但《莫斯科郊外的晚上》几乎人人都懂；少数民族的语言很难懂，但少数民族的民歌和舞蹈几乎人人都能欣赏，因为音乐比语言的抽象度更高，所以更容易被理解。

在同样的生物形象、道德素养和衣着打扮之下，一个人的权力越大（地位越高），占有的信息量越大，这个人就显得更美；一个人与你的关系比其他人更亲近，这个人在你看来就比其他人更美，所谓"儿不嫌娘丑，狗不嫌家贫"、"情人眼里出西施"等，其实就是对审美对象情感信息的识别。

第二节　宇宙和社会及科学与艺术统一的逻辑基础

宇宙和社会及科学与艺术统一的逻辑基础是他们共同具有的势科学机制，具体地说，就是他们都具有导数的逻辑、信息量与信息势等价的逻辑，以及最终在宏观层面呈现为数学群结构的逻辑。

导数的逻辑前已述及，"美是对象形象（意象）信息之导数"。具体地说，美是形象（意象）信息之社会导数，即形象（意象）信息之"差别×联系"，对象形象（意象）信息之差别越大联系越紧就越美。由于导数表达着信息量，而信息量（科学的范畴中）和信息势是等价的，所以一个对象的审美信息量越大、审美信息势越大，就越美。信息量最大从而信息势最大的系统是由对称性元素构成的系统，所以对称性结构往往是许多审美对象的突出特征。例如，微观世界中，各种粒子呈现的对称性、分子结构呈现的对称性，宏观世界中各种天体呈现的对称性以及晶体结构呈现的对称性、各种建筑物呈现的对称性、各种植物花瓣呈现的对称性、各种动物结构呈现的对称性以及人体结构的对称性等。

由于多元对称性元素形成的结构具有数学群的特征，所以最终在宏观层面上呈现的最美的对象，就是其形象（意象）信息结构成群的对象。由此，宇宙和社会及科学与艺术的最终统一就在于他们都呈现为各种各样的数学群结构。在宇宙中，基本粒子成群、分子结构成群、晶体结构成群、宇宙星系成群（泛群）；在社会中，社会观念成群、组织结构成群、市场结构成群、制度设计成群、管理方法成群、文化意识成群、人才素质成群；在科学中，科学理论成群（欧氏几何与非欧几何，线性理论与非线性理论，确定性理论与统计性理论，相对论力学与量子力学）、科学方法成群（分析与综合、逻辑与直觉，演绎与归纳）等。在艺术方面，艺术的审美要求使各种艺术呈现出各种各样的群结构。

在服装设计大赛中，你会发现，那些设计大师虽然可能没有数学群论的知识，但却不约而同地应用"群"的设计思想，无论是"荒漠上的草"还是"挪威的森林"（服装大赛中两组参赛服装的名称），都表达着该组参赛服装的主题——恒等元。而组成每一组服装的设计式样，有超长的，有超短的；有紧身的，有宽松的；有裸露的，也有封闭的，组成不同角度的可逆元。可逆元相互作用等于恒等元，意味着他们共同表达恒等元，即该组服装设计思想所要表达的主题。而其他各种类型的服装则可能是他们的不同组合，是封闭性条件演化的结果。

如果你熟悉交响乐，你会发现，每一部交响乐都有一个主题，这是构成音乐群的恒等元。仔细分析一部交响乐的结构，可知它们由各种可逆元要素组成：有急促的快板，有舒缓的慢板；有激扬高昂的旋律，有轻盈低沉的乐段；有大三、小三的和谐，也有减七、属七的不和谐。两可逆元作用等于恒等元，意味着不论是急促还是舒缓、高昂还是低沉、和谐还是不和谐都是为了表达同一个主题，其余各种各样的过渡段则是这些音乐要素按照群的封闭性条件组合演化的结果。

如果你熟悉乐队，你会发现，一个乐队集合就是一个群。乐队的指挥相当于抽象的恒等元，所要演奏的任何主题都由他来执掌；各个乐队成员或乐器则构成不同角度的可逆元：有高音效果的短笛、唢呐，有低音效果的大管、贝司；从表达气氛上看，有表达强烈气氛的管乐，又有作平稳铺垫的弦乐；从表达的内在结构上看，有强调旋律的弦乐，又有加强节奏的弹拨乐；在管乐内部则有铜管，也有木管，强调了不同的音色对比，形成了可逆元。而介于铜管与木管之间的圆号，兼有管乐及弦乐效果的长号则是群的封闭性条件演化的结果。而易中天阐述的"灰色的孔子和多彩的世界"[1]的美，恰恰是一种色彩的群结构（详见本书第九章 势科学视域中的和谐机制与和谐素质）。

我们可以分析其他形式的艺术作品，都可以发现不同角度的群结构。例如，人的打扮要形成群。如果你是一个妙龄少女，你可以内穿紧身衬衣，外着宽松的服饰，甚至随便一块布缠身而就，也显得无比洒脱和美丽；如果你是一个发胖的中年妇女，你千万不可如此行事。你必须穿一套带有腰俏的笔挺的西服，也许才能显出你的气质和风度。这就是说你的打扮必须在一定程度上与你的特质形成可逆的对比，表现出某种内在的张力，而又体现整体的和谐，才能显示出美。同样，一位中老年妇女穿一件色调艳丽的衣服可能显得年轻、精神；而一位青年女子穿一身黑色，可能显得更加娇丽，这都是由于形成了不同的可逆元对比。而一般来说，穿着打扮要注意内、外衣，上、下衣的对比搭配形成群。一般化妆师说的，化妆要围绕一个人的特质展开，就是要以群的恒等元展开。

人作为一种审美对象的艺术，除了外在的打扮要形成群，内在的思想行为素质更要形成群。一个人的内在美就在于他的内在素质的群结构：一方面刚强勇毅，另一方面温柔细心；一方面能刻苦钻研，另一方面能灵活变通；一方面自信，另一方面谦虚；一方面热烈激情，另一方面沉着冷静；一方面是原则和严厉，另一方面是体贴和温情。这种对称可逆的内在素质在不同角度表达着这个人的恒等元主题，使你感到他无论作为领导还是朋友都是美的，都是艺术。

所以，群是艺术的象征，唯美必成群。宇宙和社会及科学与艺术统一的逻辑基础就是他们共同具有的势科学机制，呈现的形式就是各种各样的数学群结构。越是科学的就越是艺术的，同样，越具有审美意义的对象，科学的价值就越高。所以，科学家在面对几个似乎具有同样科学性的理论而不能选择的时候，美就成为他们最终选择的原则，最终就选看起来最美的那个。

第三节 宇宙和社会及科学与艺术统一的实证研究

如果说在传统社会以前，可以将科学与艺术概括为"一个硬币的两面"，则在信息人社会这种概括就稍显过时。因为相对于信息人所处的新经济背景下文理在深层次上更加迅速融合的趋势，这种认识已经不能概括时代的特征，而且在潜意识里隐含了艺术与科学在本质上还是"两张皮"的概念。这既与科学的追求不符，也与艺术的本质相悖。而有些学者所说的"计算机绘画就是科学与艺术的融合"，"计算机研究《红楼梦》就是科学与艺术的融合"也实在牵强。

当将科学与艺术在宇宙、生命、社会演化的深层次规律上进行探讨时，就会发现科学在根本上追求的就是艺术性的真谛和像艺术一样的和谐美。牛顿的理论代替亚里士多德时代的理论，是因为牛顿的理论更具有艺术一样的和谐美，更能完美地解释大、小两物体同时下落时，为什么不一定是大的物体先落地；更能完美地描述行星绕太阳运转时，是按照像音乐结构一样具有抑扬顿挫、轻重缓急，时而张紧、时而松懈，时而远去、时而凸显的椭圆轨道运行的（而哥白尼时代的圆轨道则像一个单调的长音，不具有音乐结构）。

爱因斯坦的理论代替牛顿的理论也是因为相对论更具有艺术的和谐美。牛顿理论并不是完全和谐的。例如，它并不能描述行星轨道的近日点为什么要发生进动，就像一个教条刻板的音乐理论家不能理解演奏家的变奏发挥，歌唱家将歌词在音符下的位置迁移甚至延时表演，国标舞大师在某些小节使节奏变换一样；也像传统的美术理论不能理解抽象派画家那变形的艺术一样，这些都需要更加和谐的、能反映美的真谛的艺术理论才能描述。相对论代替牛顿力学，就是充当了这样一种更加和谐的、能反映自然的本质结构的艺术理论。它用数学的完美形式在行星轨道的二阶微分方程中推导出了使行星近日点发生进动的项，描述了行星的运行不但依照完美的、具有音乐结构的、按照力学作用规律构造的几何椭圆轨道运行，还以精细的数学形式表述了行星在自己的轨道上运行时，怎样像演奏家、歌唱家、国标舞大师一样进行着发挥和二次创作——使轨道的近日点按照具有和谐美的力学作用规律以微小的进动进行迁移。

由此使我们联想到地球和所有天体，它们好像并不是一些宇宙灰组成的物质实体，而简直就像是有意识、有灵感的艺术家、思想家。它们在科学家、数学家按照艺术和音乐的规律设计的天堂里进行着演奏、歌唱和舞蹈。由此可见，在这种宇宙演化和艺术结构的本质层次上，你还能看出科学与艺术有什么本质区别吗？当然这里需要的是对于自然科学的深刻理解和对于人文艺术的广博认识。

实际上，科学与艺术融合的内在机制还在于它们在本质上共同具有的抽象性。越抽象的事物越实用，越具有沟通效用，科学是这样的事物，"钱"是这样的事物，音乐也是这样的事物。前已述及，你可能听不懂俄语，但《莫斯科郊外的晚上》的音乐人人都懂。音乐的抽象性可以将差别最大的要素联系起来，因而具有极大的信息势，以致无生命意识的宇宙灰——天体，也要按照音乐的规律来运行。我们来看从哥白尼到开普勒以及牛顿和爱因斯坦关于地球绕太阳运行轨道的具体研究过程，从中可以领会科学和艺术是怎样在本质上融合统一的。

哥白尼第一次确立了地球围绕太阳转，纠正了太阳围绕地球转的传统错误，因而被称为科学革命的旗手。然而，哥白尼确立的运行轨道是圆轨道，地球离太阳等距离运动，因而必须在均论上加上本轮（地球在围绕均论旋转的同时还沿本轮运行）才能近似地描述地球为什么有时离太阳近有时离太阳远，如图10-1所示，从而产生春、夏、秋、冬的气候变化。但这样的运行轨道不但不能准确地描述地球运行的实际路径，而且圆运行轨道本质上就像一个长音，不符合艺术和音乐的规律。

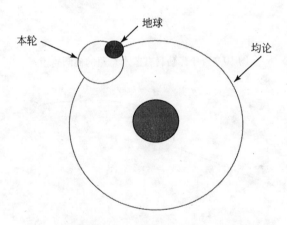

图 10-1   哥白尼均论加本轮的运行轨道

到了开普勒时代，开普勒从艺术和音乐的思维出发，认为宇宙灰同样应该是艺术家，他写了《宇宙和谐论》，按照音乐的和谐机制研究天体运动。具体地说，他认为地球绕太阳的运动不应该是圆周运动，因为圆周运动像一个长音，没有起伏、没有节奏，构不成音乐。而有节奏、有起伏的运动应该是椭圆运动，于是他将太阳放在椭圆的一个焦点上，让地球围绕太阳沿着椭圆轨道运行，如图10-2所示。果然不错，他发现了地球运行的真正轨道——椭圆轨道。抑扬顿挫、有张有弛、有节奏有旋律，符合音乐的规律，揭示了宇宙运行的和谐机制。牛顿总结了开普勒的研究成果，建立了牛顿力学，为天文学研究和整个工业文明的发展奠定了经典力学的可靠基础。然而，无论开普勒的理论还是牛顿力学，都并没有揭示如地球这些宇宙灰运动的真正规律，按照这些理论计算的地球运行轨道是不变的，就像一个呆板的演奏家、歌唱家、舞蹈家一样不能在他们的演奏、歌唱和舞蹈中进行二次创作，因而开普勒理论和牛顿定律不能描述大艺术家的行为，不是"最美的"，因而也不是最科学的。最美而最科学的理论是爱因斯坦的相对论，他应用抽象的张量数学来描述这些宇宙灰的行为，才真正揭示了天体运行的大艺术家的风度——进动式再创作的品质——地球绕太阳旋转时每一圈都不重复原来的轨道。就是说，地球围绕太阳旋转的轨道以一定的角度在空间中"进动"，每旋转一周，轨道长轴就改变一个角度，如图 10-3 所示。

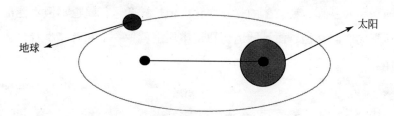

图 10-2　开普勒具有艺术意蕴的椭圆轨道

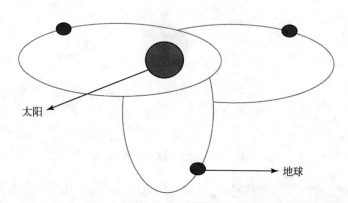

图 10-3　爱因斯坦相对论描述的真正具有艺术性真谛的进动式轨道

不但如此，相对论还以完美的数学形式描述了抽象派画家那"变形"的艺术，你要是真正理解了引力怎样使空间弯曲的那些数学方程，形成了真实宇宙基底空间的不平直图像，你就会确信那"变形"的艺术再真实不过了。

另外，从生活意识形态和社会层面上分析，是信息时代强大的信息作用力（强大的信息使地球被压缩成了一个地球村，就像当太阳被压缩成一个足球时，强大的引力使太阳表面的光也要发生弯曲）使意识的基底空间不平直了（表现为各种多元化、多极化和个性化），所以变形的艺术就是这种意识空间弯曲的真实体现。

从本质上讲，究竟是艺术表现了科学还是科学体现了艺术，取决于你是从艺术来看科学，还是从科学来看艺术。就像对物理学家来说，物质空间弯曲是由于物质引力的作用；在信息力学家看来，意识空间弯曲是由于信息力的作用；而在几何学家看来，引力的作用只不过是物质空间弯曲的几何效应；在社会学家看来，信息力的作用也只是意识空间弯曲（各种多元化、多极化和个性化）的社会效应。最后面对艺术家，他会对你说：你不能光听别人怎样说，请你来看我的画！

由此可见，宇宙和社会及科学与艺术在本质上是统一的、融合的，如果说以往的自然科学侧重描述物质世界的演化规律，那么人文艺术就是侧重描述精神世界的演化规律。原则上来说，数学既可以描述物质世界也可以描述精神世界。它们在本质上的相通和相融，决定于支配物质世界的演化和精神世界的演化的规律在根本上是一致的，这就是势科学机制：势→对称→群→和谐。

既然科学与艺术在本质上是统一的和相融的，就不能把它们分为一枚硬币的两面，好像一个人的两面、一个社会的两面。因为这样的分法总给人以"两张皮"的嫌疑，不能真正体现艺术与科学融会贯通的本质。而且正是这种认识在实践中导致了人文教育与科学教育的割裂和分离。在全面推进素质教育的过程中，很多大学都在加强人文教育，认为只要抓好这两个面，就能培养出综合素质的人才，而不真正重视进行文理融合性教育，结果培养出的人才只是"拼盘"或文理"杂拌"型人才。例如，通过人文教育，他们有可能了解到开普勒是在研究某段音乐时，发现了行星运动的椭圆轨道，但是他们既不能从现有教科书以及任何参考资料上看到有关音乐结构和椭圆轨道的深层次分析，也不能从教师那里听到相对论与音乐艺术的本质统一，所以他们还是不能理解椭圆轨道与音乐结构有什么本质联系，更无法理解行星轨道的近日点进动与演奏家、歌唱家及舞蹈大师的发挥和二次创作有什么内在联系，也更无法将它们与变换、对称、协同、分形、耗散、突变等宇宙生命和社会演化的根本规律统一起来。现有的人文教育，也许能够使他们知道某首名曲是谁作的，某首唐诗是谁写的，某张名画是谁画的，但不能使他们将艺术的思维与科学的思维及科学发现和创新联系起来。所以在这种模式中培养出来的学生，无法用艺术的思维来引导科学创新，也无法构致科学的创新来表达艺术的真谛。

所以全面推进素质教育的一个重要环节是要像江泽民同志在《庆祝中国共产党成立八十周年大会上的讲话》中提出的那样，"提高教育素质和全社会的教育水平"。对于目前的高等教育来说，提高教育素质的一个重要方面就是要真正进行文理融合性教育，从而提高通识性教育水平。提高通识性教育水平，可能存在四种途径：其一，在自然科学的课程中融入艺术思维的教育；其二，在人文素质课程中融入自然科学规律和方法的教育；其三，经济和管理类课程本身就是一种交叉学科，更要全面使自然科学的规律与社会科学的原理相融合。例如，可以讲"新经济与创新素质"，"信息力学"，"对称化管理"，"非线性理论"和"势科学理论"等；其四，创设专门讲授艺术与科学相融性的课程。例如，"艺术与物理"，"音乐与数学"等。当然，势科学理论是一门最好的通识性教育课程。

要在高等教育中真正实现以上提到的文理融合性教育，首先需要的是文理兼通的教师：既需要教师具有深厚的自然科学知识，又需要教师具有广博的人文与艺术科学知识，更需要教师能够在深层次上理解宇宙、生命和社会演化的内在机制，从而在根本上将自然科学与人文艺术融会贯通。所以要想通过通识性教学提高教育素质，最重要的就是要提高教师素质，信息人社会呼唤真正的文理融合性教育，更呼唤真正能够文理兼通的教师。

参 考 文 献

[1] 易中天. 灰色的孔子和多彩的世界——《于丹论语心得》序. 于丹论语心得. 北京：中华书局，2006：11

第十一章 势科学视域中的集约型教育

——对称化教育

第一节 集约型教育的概念意义、
时代背景及逻辑基础

集约型教育即"信息量最大作用量最小的教育"。所谓"作用量最小"指教育过程的路径最短，阻尼最小，效率最高。具体来说，包括语言精练清晰、表达流畅、字体工整、图表清楚、方法得当、情景合适、联系生活体验、关照知识背景、强调逻辑思维等，也就是常规教育所倡导的各种教育教学细节，是教育过程的技术性保障。所谓"信息量最大"则是教育过程的战略性选择，强调教育过程的各种教育要素和教育内容差别最大联系最紧，教育过程中的各种知识或问题差别最大联系最紧，而差别最大联系最紧的系统常常呈现为非线性系统，所以集约型教育的本质是非线性教育。

前已述及，传统社会是一个应用知识的社会，因而传统教育是一种"点性知识"教育，只注重单个知识的教育，不关注知识与知识、知识与问题及问题与问题之间的内在联系，即只关注知识相关性的"线性教育"。线性教育理论的逻辑根基是叠加原理，即认为知识的积累和人才的成长符合叠加性，只要今天学到"1"、明天学到"1"，后天的知识就是"1 + 1 = 2"。这种教育在以自然经济和农业经济及半工业经济为主导的社会是一种自然而然的教育，因为它符合那个时代的社会生产实践：自给自足的社会生产使知识之间的关联度很小，一般情况下，只要掌握单个的知识就能应对生产或生活的现实，所以也常常听到"知识就是力量"。

在信息人社会中，工业化和信息化的迅猛发展使社会分工越来越细而联系越来越紧，由此带来了生产效率的极大提高和物质产品的极其丰富（甚至产能过剩成为目前金融危机的重要根源），从而有力地推动了生产的转型：从产品性生产到服务性生产、从劳动性生产到知识性生产、从物质性生产到信息性生产，使以往几十年不变的生产发展到迅速变化的生产，用于生产性的知识的寿命越来越短，知识的时效性越来越差、淘汰速度越来越快，许多应用性知识从个体"独具性的默化"到整体"格式性的显化"的速度越来越赶不上生产的需要。而个体独具性的默化的知识是在个体具有的广泛的知识联系和工作实践中产生的，是一种个体应对生产需要的"潜在的创新性知识"（之所以叫做"潜在的"，是因为这种"默化"的知识一来不能明确地表述，二来必须经过一定的实践检验，格式化为可以明确表达的"显化"的、能被公众所普遍使用的知识，才能成为真正的创新性知识）。所以，信息化时代成了一个不是应用知识，而是应用"知识的知识"，即"创新的知识"的时代，也就是托夫勒所说的："知识的知识才是力量。"这就要求个体能在生产实践中迅速将已有的知识联系起来融会贯通，从而产生哪怕是默化的、不能明确表达的"潜在的创新性知识"，以应对工作的需要。由此，传统的点性的、线性的知识教育方式无法再适应现代化生产的要求，信息化的现实需要的是"面性的"，甚至是"立体的"、差别大联系紧的"非线性教育"。非线性教育的基本特征是不受叠加性原理支配，今天学到"1"、明天学到"1"，如果这两种知识是紧密联系的，那么后天的知识就是"$1+1 \geqslant 2$"，否则，如果两种知识是毫无联系的，后天的知识就可能是"$1+1 \leqslant 2$"（这在传统社会一般是不会有的，因为传统社会的生产也是线性的，但在信息化社会则成为人人要面对的现实，因为零散的知识不能产生正确的判断反而往往会干扰判断）。所以，在非线性集约型教育中，知识积累的实际效果是跨越式的，从而使小孩的成长成为跨越式的非线性成长。

实际上，教育理论与所有社会科学理论一样，总是落后于社会的实践和教育的实践，在我们还没有集约型教育的概念之前，集约型教育的现实已经"闪亮登场"。如果按照"十年树木、百年树人"的教育经典，在信息化社会，人要成才一百年也不够，因为"信息爆炸，知识翻翻"。高德胜指出，"现在一年生产的知识几乎可以超过过去时代几十年、甚至上百年的知识总量。从个体的角度看，我们现在一个星期所遭遇的信息量甚至超过过去时代一个人几十年、甚至一生的信息量"[1]，需要学的知识越来越多，越来越复杂。但看看学生成才的现实：是越来越快，不是越来越慢。继不少类似的报道之后，《西安晚报》2009 年 8 月 3 日又以《12 岁女孩考上湖南师大》为题报道了被称为"女神童"的 12 岁的李延的经历，她以超出湖南一本线 16 分的成绩被湖南师大录取。人才成长的现实已逼迫教育理论工作者不得不设身处地地重新思考信息人社会教育的内在逻辑，提出真正符合时代特征和具有科学的逻辑内涵的教育学理论——集约型教育。

第二节　集约型教育的可行性

为什么信息化社会需要集约型教育，即集约型教育的必要性，前已述及。但为什么信息化社会可以进行集约型教育，即集约型教育的可行性还需要论证。

集约型教育是历史发展的必然。在农业社会及前工业时代，没有以计算机为核心的现代信息化技术，没有使信息可以随意汇集的无所不能的互联网，各种可以作为教育内容的信息既无法聚集也无法按教学设计来集成，作为教育主体的教师也没有众多学科的综合性知识结构。所以，无论是教育媒体还是教育主体，都既无法营造极大的教育信息量使"信息量最大"，又无法使教育过程有效地剔除无谓的信息干扰而做到"作用量最小"，因而集约型教育就无法实现。当然还有传统教育价值观的约束。不能否认某些时候，传统教育在主观上是将知识"藏起来"，为了保持成人的优势，"该学的时候才让你学"，所以小孩只能按部就班地线性地成长。

高德胜详细阐述了以书本为主的印刷媒体时代与以互联网为主的电子媒体时代学生成长环境和条件的本质差别，他指出[1]："一方面，电子媒介不像印刷媒介那样在儿童面前竖起一道通向成人世界的高墙，而是带领儿童自如地进入成人世界。以电视为核心的电子媒介以影像为代码来展示世界，而影像代码不像文字代码那样难以掌握，孩子很小的时候就可以看，可以理解。另一方面，'电视的电子信号代码，复制了日常生活的图像和声音，它的难易程度基本上是 1。只要你知道如何去看一种电视节目，那么你基本上就掌握了如何去看所有的电视节目'[2]。也就是说，印刷媒介有高下等级序列，你只有掌握了入门的技能才能进入下一序列的学习，而你掌握了某一序列的技能并不意味着你能触类旁通。电子媒介则不同，其呈现的东西，基本上处在同一个层面上，是一种并列的关系，掌握了一项技能，意味着掌握了几乎所有的技能。这样一来，在电子媒介这一新型媒介环境里，代际不对称性就缩小了，成年人相对于未成年人的优势大幅降低。儿童不再需要通过多年的学习就能使用电子媒介，在人生的早期，儿童几乎已经具有了与成年人一样的电子媒介使用能力。"

并且，"在印刷媒介时代，年轻一代因为读写能力的欠缺而知识缺乏，而电子媒介则因为其低门槛甚至是无门槛将知识信息向所有人开放。借助电子媒介的帮助，年轻一代不但在很小的时候就已经知道了许多成年人知道的东西，甚至知道了许多成年人不知道的东西。电子媒介对很多在印刷媒介环境下长大的成年人来说是'半路杀出来'的新事物，成年人对这些新事物的适应明显存在着心理和能力上的障碍。比如，对移动通信设备、电子游戏等新型媒介，许多成年人存在着心理上的排斥、能力上的匮乏和适应上的困难。而年轻一代就降生在电子环境下，这些新型媒介伴随其成长历程，所以他们对新型媒介的享用可以说是如鱼得水。在电子媒介的适应和使用上，我们的时代可以说已经进入'后喻文化'时代。对成年人而言，不再是知识的优势问题，而是知识和观念落伍的问题；对年轻一代来说，不再是知识差距的问题，而是成年人跟不上节奏、观念保守的问题"[1]。

不但实际的电子生活为集约型教育提供了环境场所和基本条件，而且现代社会迅猛发展的信息化技术，也为学校的课堂提供了有效地集成教育信息的有力工具，各种多媒体教学手段可以有效地帮助教师集成各种有用的教育信息。在教育的价值观提升和各种科学知识的迅速交叉耦合的推动下，教师综合素质的不断提高，都有力地强化了教师驾驭集成信息和集成知识的能力，因而为集约型教育的可行性打下了基础。加之信息化通过网络及各种媒体使知识再也不可能被遮蔽，小孩随时可以通过电视、网络或其他媒体得到他们喜欢和想要的知识。各种差别很大的知识通过各种媒体集结到小孩的甚或空白的脑海中时，建构起"信息量最大作用量最小"的势作用机制，节约了资源，缩短了成长的路径，使知识的链接营造的强势达到临界值而相变和分岔的概率大大提高，从根本上催生了小孩非线性非平衡的"集约型"成长的可能性，都为集约型教育的可行性奠定了基础。

在集约型教育下，中学六年的课程，很多学生可以在四年内完成。也许毛泽东早年提出的"学制要缩短，教育要革命"的时代就要在集约型教育中到来！

第三节　集约型教育的有效路径——对称化教育

根据势科学理论，要使教育过程实现信息量最大，即信息势最大，就必须使教育过程中教育要素之间的差别最大联系最紧，而差别最大联系最紧的要素是对称性要素（像磁铁的南北极，离不得见不得）。因而，实现信息量最大的集约型教育的有效路径就是实施对称化教育。主要有"感性与理性的对称"、"理论与实践的对称"、"直觉与逻辑的对称"、"知识与抽象的对称"、"学习与探索的对称"和"早期引导与后期激励的对称"等。所以，集约型教育的科学化称谓就是"对称化教育"。

1. "感性与理性"的对称也就是"情商与智商"的对称，是人才成长的根本动力

前已述及，这就是要从小关注小孩的情商与智商的培养，在培养小孩对事物的敏感性和内在激情的同时培养小孩的理性成长，使理性与感性上升到一个良性互动轨道，使理性与感性在彰显中实现差别最大联系最紧，从而有效地营造教育信息势，推动小孩的集约型成长（参见本书第七章第三节　素质教育的有效路径——外势激励内势，情商决定智商，第七章第六节　感性与理性的彰显与互动是信息人成长的根本动力，本书第九章第五节　情感势作为和谐素质恒等元教育的历史溯源等）。

目前，我们的小孩教育存在的重要问题是，在幼儿时一方面要求小孩要乖，家里来了客人不能乱说乱动，抑制了小孩从小对于新鲜事物情感交流的渴望；另一方面，在小孩很小的时候，总认为小孩不懂事，给小孩讲道理听不懂，所以把许多逻辑性的问题简化为没有逻辑的描述性问题"哄小孩"，从而不能从小为小孩培养良好的逻辑思维习惯。按照集约型教育要求的感性与理性的对称化教育，一方面必须从小鼓励小孩与陌生人的情感交流以培养小孩的感性成长，另一方面则必须从小"将小孩当做大人教"，不能认为小孩可能听不懂而"哄小孩"。开始可能听不懂，但逻辑的讲解过程能不断提升小孩的逻辑思维习惯从而培养小孩的理性思维。而且，在鼓励情感交流和培养逻辑思维的过程中要注意感性与理性的互动教育，使小孩在理解中培养兴趣，在兴趣中追求探索，尽早促成感性与理性的互动，达到杨福家所说的"点燃"的临界点，从而走上非线性集约型成长

的轨道。

2. "理论与实践的对称化教育"是信息化社会突出的教育特征

这是因为，一方面由于信息的爆炸使信息的相互作用更加复杂，只有高度抽象的理论才能将信息及零散的知识统一起来找到规律性来把握整体；另一方面，由于信息爆炸使所要学习的知识越来越多，因而容易忽视实践的重要性，但对于一个迅速变换的时代来说，应对实践的能力更是至关重要。对于现有的教育体系来说，理论教育、特别是在势科学理论基础上多学科融会贯通的理论教育至关重要，在前面各章节中已有许多论述，现就实践教育详细探讨如下。

奥地利作家梅依林克写过一则极富哲理的寓言：

> 有一只不怀好意的蛤蟆问一条蜈蚣说：当你向前伸出你的第一条腿的时候，你还有哪几条腿同时向前伸出？当你弯下第十四条和第十九条腿的时候，你那第二十七条腿的脚掌在做什么？蜈蚣专心思索这些问题，却不会走路了。

这是一个很有深度的故事，它告诉人们：要保持我们原始的创造性，一定要投身于实践。走路是蜈蚣最原始的创新，而离开"走路"这样最基本的实践，考究腿的动作排列，蜈蚣就不会走路了。同样，想要学会游泳，就必须到水里边去游，光在课堂上学习流体力学，即使你考上一百分可能还是不会游泳。所以那些脱离实践的教育，就像那只不怀好意的蛤蟆。

离开理论指导的实践，只能是盲目的实践，而离开创造性实践的理论，也只能是空洞的不结果实的理论。

因此，实践教育应是集约型教育的重要内容，它包括两个方面：一方面是配合课程教学的各种实践教学，另一方面是不可忽视的基本劳动教育。可以毫不夸张地说，劳动和勤快是一个人的最基本的素质，不但在历史上公认的是劳动创造了人类，而且在人类的自身发展过程中，劳动成了最基本的生存和发展条件。在劳动过程中，四肢和大脑的活动得到协调发展，劳动的强度使人的勇敢精神和毅力得到锻炼。某些劳动的复杂性促发思维和技能的创新，某些重复性的单调劳动培养人的节奏感。劳动的轻重缓急作用于大脑产生诗情画意及旋律和美感，劳动的成果则给人物质上和精神上的满足。这一切感性的、理性的意志毅力的综合碰撞将导致智慧和聪明，而劳动中的协作和配合更可使人格得到完善。劳动和勤劳教育对于中国出现的"新人类"——独生子女阶层更是具有重要的现实意义。

实践教育的另一个重要意义在于促使学生"以探索的精神去勇于实践和迎接活生生的瞬息万变的实践挑战"，这是信息人社会素质教育的时代特征。人所共知，像市场营销等经济类、管理类课程，必须随时追寻市场和经济与管理飞速发展变化的现实，因为它本身就具有强烈的时代性、实践性和挑战性意义。而计算机和网络等信息类课程，在某种程度上来说就是一种实践性课程。不然你就无法理解十几岁的小孩可以将比尔·盖茨的账号打开，买一盒伟哥送给他。据电视报道，网络上盗窃银行账户的十几岁小孩，就有关计算机网络的知识可以给专家上课。他们根本不可能学过那么多计算机和信息工程的理论。

在过去技术长期稳定不变的时代，教育的实现过程是"学以致用"，甚至可以是"现整现卖"，"干中学，学中干"是普遍倡导的成长途径，理论能力和实践能力合而为一包含在知识之中。所以，传统的大学教育就是知识教育，实验就是把理论重复一遍。在信息化时代，强大的信息作用使理论与实践在深层次上被"极化"，理论强调更深层次上的抽象，而非一般意义上的知识；实践则强调应用中的"创新"、"竞争"、"挑战"甚至"冒险"，而非一般意义上的"实验"、"试验"及"实习"等。

3. "直觉与逻辑的对称化教育"是集约型教育的重要路径

逻辑思维的重要性毋庸置疑，在前述种种感性与理性的对称中已有论述，在此不再多费笔墨。直觉的重要性在于它无论在科学发现还是理论学习中，都具有启迪性作用。实际上"直觉与逻辑"的对称性互动一直就是科学发现与知识创新的内在机制。虽然呈现在我们面前的科学理论和知识看起来都是一个逻辑体系，但实际上光靠逻辑是无法创新的。因为，对于逻辑来说，"结论就包含在前提之中"。在科学以及经济、管理和教育中，"直觉"的作用可能无论怎样强调都不过分。经济学家总是以理论计算为基础，但预测经济危机往往一说就错，而成功的商人从来不计算却失误很少；管理学家总是用理论建模来运筹管理，但却无法真正有效地指导管理，而企业家从来不计算却不断展现着管理的成功；许多伟大的领袖人物都是不懂数学的，但却做出了符合真理的行动。直觉在教育和学习中的重要性可能主要在于直觉能够窥探到存在于知识后面的内在逻辑，从而通过"有效的集约"找到理论的根基，真正能够把握整体的直觉往往是更深层次的抽象。实际上可以想象，人类之所以使用逻辑或数学，主要是因为人类的直觉能力太差，必须依靠逻辑按部就班才能前进，当人类具有像上帝一样的直觉能力时，逻辑可能就成了多余的，所以就有"人类一思考，上帝就发笑"的话。

企业家和商人的直觉无疑表达着企业家和商人的智慧，所以直觉的逻辑机制嵌套在从"信息"到"智慧"的生成机制中。由于"信息的有序是知识、知识的有序是方法、方法的有序是智慧"，所以"智慧（直觉）是方法的一阶导数、知识的二阶导数、信息的三阶导数"。信息化社会的复杂性本质是各种系统的非线性，系统的复杂性表现为结构方程的非线性。就是说，每一个系统都可以表达为一个方程，如果方程是一次的，就叫线性；二次以上就叫非线性。次数越高非线性程度越高，曲线弯曲得越厉害，对于组织和个人来说，就意味着前途道路更加曲折，弯曲程度越高，越难以看清发展的方向。所谓"直觉就是一眼看尽"，弯曲得越厉害越看不到。所以，就要将"曲"变为"直"才能直觉。而将"曲"变为"直"的根本途径就是"求导"。每求一次导数，道路弯曲的程度就下降一次，如果是一个四次非线性系统，连续求导三次，就将变为直线系统（直线方程）——由此而成为"直观的"，即"直觉的"。所以，企业家和商人的智慧性直觉，是他们不用计算而通过高度的抽象思维在头脑中连续完成三次导数而达到的！

4. "知识与抽象的对称化教育"是集约型教育的重要内容

相对于抽象，知识是具象的。在这里，抽象的意义就是将知识与知识联系起来，就是通过抽象在知识中找到更深层次的规律。知识与抽象的对称性教育，就是要彻底改革过去以知识教育为主的传统习惯，在知识教育的同时加强抽象能力的提升，在提升抽象能力的同时进行集约型知识教育。知识离开抽象就成为零散的无用的知识，甚至成为约束能力、约束创新的教条，而抽象离开知识就可能成了幻想。在知识与抽象的互动彰显中，知识与抽象差别越大联系越紧，营造的教育信息势越大，集约型教育就越有效，学生成长的推动力就越大。

5. "学习与探索的对称化教育"是强调在"学习已知中探索未知，在探索未知中巩固已知，并且在已知与未知的关联中建构新知"

学习与探索的对称化教育在深层次上也寓意着不能将知识当成一个完备真理从而形成一种继续教育和学习的智障。这是集约型教育建构知识框架体系的重要逻辑，也是集成"认知结构理论"与"建构主义理论"的合理内核的核心所在。认知结构理论强调学习过程中的探索和发现，但忽视了学习过程中已知与未知的信息建构，由已知来把握整体跨过逻辑建构新知。实际上，如果要将现有的知识都重新发现一遍，那肯定是效率极低甚至不可能的，根本上不符合集约型非线性教育的宗旨。而建构主义理论由于不研究信息作用机制，因而不能明确地阐述教育的内在逻辑。桑新民在"透视美国教育技术学主流学派的发展轨迹——兼评瑞泽《教学设计和技术的趋势与问题》"[3]一文中指出："学习科学的理论基础除了认知科学之外，还包括认知人类学、情境学习、日常认知、生态心理学、分布式认知以及杜威的实用主义；学习科学与学习和意义建构的社会理论密切相关，比如社会认知、活动理论、动机理论、基于案例的推理等，都致力于探求学习过程的社会、组织及文化动力因素；学习科学还源自计算机科学，特别是与计算机建模和人工智能领域密切相关，学习科学综合应用以上相关理论设计技术支持的学习环境……这些显然是建构主义学习观之要诣。"

如果一种行动需要这么多理论来制约，那么这种行动的效率和作为就值得怀疑，因为建构主义的这些理论的综合不能给教育行动者一个明确的指导原则。实际上，所有这些理论的统一基础、统一的内在机制，就是势科学理论阐述的教育学机制，就是在教学过程中依据势科学理论的教学设计。"将差别最大而联系最紧的内容展现给学生"，无论是利用对称性的教育技术手段，如图示的和文字的、视频的和音频的；还是对称性的教学设计，如理论的和实践的、记忆性的和理解性的、单向传承的和双向互动的等，最终的效率机制就是产生更多的信息量，营造更大的信息势。

建构主义的核心概念是"建构"，建构就是"打框架"，框架与实体的本质区别就是留有"空缺"。"空缺"可能是差别巨大的各种内容，但通过"框架"限制和剔除了内容的发散，所有能够填补空缺的内容都是差别巨大但联系最紧而最有序的默化内容（在空缺被填补之前，这些内容不是明朗的），这些有序默化的内容形成梯度、产生信息势推动着学习者心里情感的非平衡，萌生着追求的欲望。在追求探索中学习，使相应的默化内容显化而各就各位填补空缺，最终形成有序的显化知识——知识的有序形成方法，进而产生智慧，从而产生创新。可见，建构主义教育学习理论的理论基础就是势科学机制，但建构主义因为理论的抽象度太低，甚至不是逻辑地叙述教育学原理，而是形象地描述教育过程，不研究教育和学习过程中的信息作用机制，所以无法将教育和学习机制用最精练的语言，如"信息量最大作用量最小"加以逻辑地概括，无法形成明确的教育和学习的指导原则，因而失去了可操作性。

　　当然，建构主义理论第一次强调学习的"建构机制"，使教育从强调基础扎实的传统教育中解脱出来，是教育理论发展的一个重要里程碑。强调基础扎实的教育过程违背人才成长的逻辑。前已述及，"学习与探索的对称化"教育建构的"知识框架结构"就像一个微缩的"海绵"，一遇到水分（知识）就吸收，学习过程呈现"自主吸"的特征，效率极高，而且吸进的知识填补空缺"各就各位"，形成更加有序的知识。而强调基础扎实的教育，呈现"强迫塞"的特征，最后扎实得像"铁板一块"就"刀枪不入"了，而且强行塞入的知识不但形不成有序的结构，甚至原有的有序的知识结构也会被"强行塞入"的行动破坏，使知识更加零乱而成为教条。

　　6. "早期引导与后期激励的对称化教育"针对着学生集约型成长的内在非线性机制

　　非线性系统的一个基本特征就是初始条件的敏感性，通俗地说就是"差之毫厘失之千里"。一个人在教育和学习的成长过程中，早期的微小差别可能导致后来成长的大相径庭。所以，在集约型教育过程中，除了在正规教育和正规学习的每一个阶段一以贯之地坚持教育的"信息量最大"的激励原则之外，在非正规的早期家庭教育中，一定要注意时代性和科学性的信息引导教育。因为人的成长过程本质上是一个信息不断选择的过程，同一个老师上课，不同的学生由于原有知识信息结构的差别形成不同的选择功能，对课堂信息进行不同的选择并进行不同的组合从而构建不同的新知识，在不同的新知识基础上继续进行更加不同的选择，学生的差别因而越来越大。具有时代性和科学性的信息引导可以使小孩在早期的信息选择中占据优势，从而有效地应对非线性成长中的初始条件敏感性制约。

　　法国著名社会学家、思想家布尔迪厄尤其强调早期信息引导的社会化和由家庭所传递的文化资本对于个人成长的决定意义：最初获得的文化资本借助自身在学校教育体系中的使用和强化而获得了承认和延续，因而学校教育的效果与持久性也与个人的家庭背景、社会出身紧密关联[4]。著名英国教育社会学家伯恩斯坦提出的教育知识编码理论是最接近势科学教育理论的信息作用机制和信息选择成长理论。他在"谈到社会学研究机构进行的一项关于儿童如何分类的调查"时指出："他们向60个儿童展示了一些彩色的食品图卡，并要求他们按喜欢程度归类。在归类时，工人阶级的儿童比中产阶级的儿童更依赖直接经验。工人阶级儿童在归类时大部分依据'我们在家吃的东西'、'妈妈所做的东西'，而中产阶级的儿童则更有可能自觉地说'这些产生于海洋'、'这些都有奶油在里面'。"[4]可见不同的生活和早期信息引导在儿童的早期学习中产生了不同的信息选择，构建了不同的知识结构。在现代信息人社会中，特别是年轻一代的家庭中，即使普通工人家庭的父母也已具有了较高的文化学历，因而一般不会有像伯恩斯坦提到的20世纪那种工人家庭的背景。但即使各家父母都具有同样的文化背景，由于早期给小孩早的信息引导的差别会使小孩建构起不同的知识结构，从而使小孩在非线性的成长体系中处于不同的初始位置而极大地影响小孩以后的成长。

对称化教育理论的根基是势的运行机制，势的运行机制是一个从宇宙到社会的、不以人的意志为转移的普遍法则，无论是有意识的人类还是无意识的宇宙灰都遵循着同一法则。就是我们不进行对称化教育，人的有效成长也必然是对称化的，而进行对称化教育只是为了使人的成长成为更加集约型的。由于势的运行机制，即对称化机制对于无意识的宇宙灰都同样起着支配性作用，因而集约型教育就必须关注人的整个一生，即从出生时似乎还无意识直到老年以后的意识衰减的终身教育过程。例如，对于一个刚出生不久，只懂得哭泣和伸手要东西的幼儿，卢梭指出："孩子最初的眼泪是请求。如果人们不加注意，它们就会变成命令。它们从请求别人帮助开始，以要求别人侍候告终。由于他们自身柔弱，所以他们起先是想依赖，后来才想驾驭和支配别人。这种想法并非出于他们的需要，是出于我们的服侍。在这里我们开始发现不是直接由天性产生的道德的影响；我们可以看出，为什么从幼年起就必须分辨他们的表情或哭声究竟有什么秘密的意图。要是孩子不说话，而使劲伸出手，他还不能正确估计距离，但是相信可以拿到那个东西，他是估计错了。但是他要是伸着手又喊又闹，那他就不是错误估计了距离，而是命令东西靠近他，或者命令我们把东西拿给他。在第一种情况下应该把他一步步慢慢抱到东西面前；在另一种情况下不要马上做出仿佛我们听懂了的样子，他越叫我们越不理会他。重要的是让他渐渐养成习惯，既不命令人，因为他不是我们的主子，也不命令东西，因为它们听不懂他的命令。因此，如果一个孩子要一个他看到的东西，人们想给他，那么最好是把孩子抱到东西面前而不要把东西拿过来给他。他会从这个习惯中得出与他年龄相应的结论，除此之外没有其他办法教他这一点。"[4]

毫无疑问，卢梭给出的实际上是一个完整的对称化集约型教育的例子。"请求"和"命令"是两种完全相反的情感指向,然而在要同一个东西的情景中紧密联系起来,因而成为差别最大联系最紧而具有最大信息量要求、形成最大信息势攻势的对称化意指。我们要应对小孩这种天然的对称性挑战,就必须进行包含同样大的信息量、具有同样强的信息势的对称化教育:当他测不准距离或者请求的时候,我们将他慢慢抱到东西面前;而当他命令的时候,我们就不理会他!无疑,在这里对称化教育具有了更加深远而广泛的意义:针对教育对象的情景给以相应的、恰如其分的教育。唯一要坚持的恒等元选择就是任何时候不把东西给他!所以,对称化教育的完整数学模型就是教育方法、教育手段及教育内容都在不同层次上构成数学群结构的教育。因为群结构就是生态结构(物理学家将粒子构成的群结构称为"生态结构"),也是"和谐结构",所以对称化教育就是"生态化教育",也是"和谐教育"。

7. "传统板书与现代多媒体技术的对称化教学"是集约型教育的技术性基础

传统板书的特点是灵活逼真、连续流畅、声情并茂,能够深入剖析细节而适合理论及原理的演绎过程的微观教学,而利用现代信息化的多媒体教学则能够跨越空间和时间的局限将差别巨大的跨领域内容联系起来,有利于构建最大课堂信息量的宏观教学。多媒体技术与传统板书之间形成整体与细节的对称、宏观与微观的对称,从教学效果来看,既有动态视频的,又有教师语声的;既有宏观图像的,又有微观文字的;既有全局格式化的,又有局域针对性的、对称化的教学形式及其内容,从而构建巨大的课堂信息量,营造强大的课堂信息势,成为集约型教育的重要技术性方法性路径。当然,传统板书与现代多媒体技术的对称化意义根本上意味着二者在实际课堂教学中的合理应用而不可偏废。既要大力推进多媒体技术的应用,又要防止过分的多媒体化而忽略了传统板书在营造教育教学信息势方面的特点。在一定程度上来看,若多媒体教学类似于看电影的话,声情并茂的板书教学就像演话剧。前者是再现性的和集成性的,后者是发挥性的和创造性的;若多媒体教学类似于电视剧的话,粉笔加黑板的教学就像写小说。前者看到的景象是导演安排的情景,后者则是由教师和学生共同执导的意境。因而,看过的电视可能很快就忘记了,而看过的小说却经常历历在目;若多媒体教学类似于照相的话,则板书教学相当于绘画,前者只是现实的复写,后者则更富有理性思考和创造性发挥。

势的运行机制,即对称性机制,不仅支配着人的成长和教育过程,而且支配着教育理论的发展逻辑。仔细考察迄今为止已有的四种基本教育理论，可以发现它们是两两对称的：行为主义教育理论强调"刺激和反应之间形成联结"，是"动物性"的；人本主义教育理论强调"知情意需求和学生中心论"，是"人本性"的；认知结构教育理论强调"认知结构和信息加工"，是发现式和"加工型"的；建构主义教育理论强调"建构意义和反思性教学"，是建构式和"生成型"的。

由此可见，行为主义理论和人本主义理论形成"动物性"和"人本性"的对称化教育理论，认知结构理论和建构主义理论形成"加工型"和"生成型"的对称化教育理论。所以，势科学理论基础上的集约型教育，即对称化教育理论，既演绎了教育过程的微观机制，也概括了教育过程的宏观规律，而且从根本上揭示了教育理论本身对称化发展的逻辑轨迹。

第四节　集约型教育的案例分析

一、集约型教育的国外案例

集约型教育的一个重要指向就是用通俗的语言和具有物理直观或几何直观的方法将更抽象、更高层次的知识尽早地教给学生，因为这样的教学将差别很大的知识紧密地联系起来，产生了巨大的信息量，营造着巨大的信息势。

国外在这方面有许多例证。前已述及，群论是数学中最为抽象的理论之一，以致在群论发表的近一百年中，人们不知道它有什么用。直到量子力学被发现后，人们才知道群论的巨大意义。然而，在量子力学应用群论的当初，由于群论的高度抽象，许多物理学家们不愿意用群论，杨振宁指出："20 年代的物理学界许多人反对用群论，特别是李群，斥之为'群害'。有人设法避开 SO（3），SO（2）等等，宣称杀死了'群论'。"[5]但是在国外，由于西方探索性教育传统的役使，以及布鲁纳教育理论体系的影响，即可以将"任何"知识结构教给"任何"年龄的"任何"人，因而，高度抽象的群论就由一些真正具有教育智慧的教师引入中小学的教学课程，营造了一种真正的有关数学的集约型教育。在第九章势科学视域中的和谐机制与和谐素质中，我们已经引用过阿诺德有关讲授群论的方法，在这里，为了深入理解集约型教育的真正意义，我们再次完整地引用寸玉鹏在其博文中介绍的阿诺德（V. I. Arnold）在国外给中小学讲授群论的情况[6]：

在 20 世纪 60 年代我曾给莫斯科的中小学生们讲授群论。我回避了任何公理，尽可能地让内容贴近物理，在半年内我就教给了他们关于一般的五次方程不可解性的 Abel 定理（以同样的方式，我还教给了小学生们复数，黎曼曲面，基本群以及代数函数的 monodromy 群）。

一个群又是什么东西呢？代数学家们会这样来教学：这是一个假设的集合，具有两种运算，它们满足一组容易让人忘记的公理。这个定义很容易激起一种自然的抗议：任何一个敏感的人为何会需要这一对运算？"哦，这种数学去死吧！"——这就是学生的反应（他很可能将来成为了科学强人）。

如果我们的出发点不是群而是变换的概念（一个集合到自身的 1—1 映射），则我们绝对将得到不同的局面，这也才更像历史的发展。所有变换的集合被称为一个群，其中任何两个变换的复合仍在此集合内，并且每个变换的逆变换也如此。

"这就是定义的关键所在。那所谓的"公理"事实上不过是变换群所具有的显然的性质。公理化的倡导者所称的"抽象群"不过是在允许相差同构（保持运算的 1—1 映射）意义下的不同集合的变换群。正如 Cayley 所证明的，在这个世界上根本就没有"更抽象的"群。那么为什么那些代数学家仍要用抽象的定义来折磨这些饱受痛苦的学生们呢？

这门课程的内容后来由我的一个听众 V. Alekseev 组织出版了，名为 *The Abel Theorem in Problems*。

二、集约型教育与教育技术理论

无论是教育技术理论的"媒体派"（以海涅克为代表），还是教育技术理论的"学习派"（以加涅为代表），其理论的本质都是追求在教育过程中生产更多的有效信息量，即营造更大的教育信息势。就是说，本质上属于集约型教育。现举例说明如下：

对于"媒体派"来说，教育过程就是要充分利用各种现代化的多媒体技术，产生更多的有效信息量，营造更大的教育信息势。高建国在"运用现代教育技术提高语文教学效率"一文中介绍了利用多媒体讲解《春》一课的情景："充分利用现代化教育手段把教学要求、教材说明、学习方法、播音员的朗读录音、重点词句和段落的分析、课后练习以及春天中小草、花、雨的图片和视频资料按一定秩序制作成具有人机交互功能的课件。""首先通过计算机向学生展示'春草图'、'春花图'、'春风图'、'春雨图'、'迎春图'图片及视频资料，并配以播音员朗读课文的动人声音，为学生创设一个多姿多彩的阅读世界。一开始就吸引了学生的注意，激发了学生的兴趣，产生了要了解、探究的欲望。"在作者描述的以上教学情景中，正是依据了势科学理论基础上的集约型教育理论，将看起来差别巨大的各种形象"草"、"花"、"风"、"雨"等信息在"春"的主题中紧密联系起来，产生了巨大的信息量，营造了强大的信息势，从而激励出情感势——也就是作者所说的"激发了学生的兴趣"，导致了心里的非平衡追求，即作者所说的"产生了要了解、探究的欲望"[7]。

作者在上述文章中继续描写了应用多媒体技术营造信息势的情景："应用多媒体工具创设教学情景：'成千上万的蜜蜂'、'雨中静默的房屋'、'放风筝的孩子'，渲染、制造氛围，刺激学生的视觉、听觉感官，使他们更加兴奋，学生的学习兴趣和探求知识的欲望愈加强烈。"在这里，集约型教育理论得到了进一步体现，即将差别更大的"蜜蜂"、"房屋"、"孩子"在春的主题意境中联系起来，产生了更多的有效信息量，营造了更加强大的教育信息势，激励出更加强烈的情感势——像作者描写的使"学生的学习兴趣和探求知识的欲望愈加强烈"，即产生了强烈的"非平衡"追求，最终提升了学生写作的文学素质。

实际上，对于教育技术理论的"媒体派"来说，现代教育技术手段之所以能够产生最大的信息量、营造最大信息势，就在于现代信息化教育工具可以构建传统教育手段无法形成的、对称化的教育教学情景。例如，图示的和文字的，视频的和音频的，动态的和静态的等；而对于教育技术理论的"学习派"来说，同样是因为好的教学设计可以构建对称的教育学要素。例如，记忆的和理解的，理论的和实践的，归纳的和演绎的，动手的和动脑的，单向传承的和双向互动的等，最终的效率机制就是信息量最大、作用量最小。因而，势科学理论基础上的集约型教育是教育技术理论的逻辑基础和指导原则。

三、集约型教育与情境教学模式

朱小曼教授在《情感教育论纲》一书中介绍了有关的情景教学模式：

所谓情境教学，是指运用教师的语言与情感、教学的内容以至课堂的气氛，造成一个广阔的心理场（所谓场，就是一组有序元素信息的集合，一种"差别×联系"的结构，所以本质上是一种信息势），作用于儿童的心理，从而促使他们主动积极地投入学习活动，达到整体和谐发展的目的。具体来说有四个阶段：第一，在阅读教学中，创设情境，把言和形结合起来，进行片断的语言训练；第二，通过"观察情境教作文"引导儿童观察时，在情境中加深体验，展开联想，习作时在再现情境中构思，在进入情境中陈述，促使儿童情动而辞发；第三，通过生活显示情境、实物演示情境、音乐渲染情境、图画再现情境、扮演体会情境、语言描绘情境六种不同途径创设与教材有关的情境，对儿童进行美感教育，促进儿童感受美而入境—热爱美而动情—理解美而晓理；第四，在前三个阶段的基础上，运用形式上的新异性、内容上的实践性、方法上的启发性情境教学三原则，进一步促进儿童的整体发展[8]。由此可见，在情景教学的四个阶段中，始终围绕着营造信息势（心理场）的主题：在第一阶段，是通过阅读将差别巨大的、具有对称意义的"言和形"联系（结合）起来营造教学信息势；在第二阶段，是通过"观察情境教作文"将差别巨大的、具有对称性意义的"内在情感"与"外在言表"联系起来达到"情动而言发"营造教学信息势；在第三阶段，是通过六种不同的教学情境演示和渲染，将差别巨大的、具有对称性意义的"审美感性"与"智慧理性"联系起来以达到"感美而晓理"营造教学信息势；在第四阶段，则是在综合前三阶段的基础上，通过"形式上的新异性、内容上的实践性、方法上的启发性情境教学三原则"将所有教学内容与教学过程中的所有信息联系起来营造一个综合的教学信息势——"促进儿童的整体发展"。可见，情景教学模式是集约型教育教学的极好例证。

第五节　集约型教育与人才和谐成长的最终目标

生理成熟与智力成熟的对称性同步发展是人才和谐成长的最终目标。

在传统教育的制约中，两种完全不同的成长过程导致了生理成熟与智力成熟的极大不对称，是现代信息化环境下人才不能和谐成长的根源，即小孩的生物性成熟早而智力成熟晚，致使学生不能用成熟的智力驾驭成熟的生理而产生种种焦虑、恐慌与浮躁。根据势运行的基本机制，在集约型教育教学理论原则的主导下，生理成熟与智力成熟的对称性同步发展必将实现。

人的生理成长是非线性的，从一个受精卵单细胞到胚胎形成及生长出四肢和五官等，是一个生理结构不断地非平衡相变和非线性分岔的成长过程，因而是一个非线性跨越式的成长过程。而在传统教育体制下的学生智力成长，则是一个在大人将知识藏起来的受控条件支配下、按部就班的线性成长过程。在集约型教育的环境下，利用现代信息化技术提供的各种方法及工具，按照势科学理论进行各种对称化的教育教学设计，构建各种对称化的教学要素和教学情景，在学生成长的每一个阶段生产最大的信息量、营造最大的信息势，激励学生产生强烈的情感势，使情感势与意识流的作用处于最大限度地非线性状态，触及各种非线性分岔与非平衡相变的临界值，实现与生理成长同步的智力的非线性成长，使学生在生物性成熟的同时达到智力上的成熟，从而用成熟的智力把握成熟的生物性而实现和谐成长的最终目标。

所以，具有优势条件的学校，应该尽快抓住这样的教育发展机会，集中强势教育资源，根据势科学理论，实践"集约型教育理论"指导下的集约型和谐成长教育。

参 考 文 献

[1] 高德胜."不对称性"的消逝——电子媒介与学校合法性的危机.高等教育研究，2006，27 (11)：11～17

[2] 约书亚·梅罗维茨.消失的地域：电子媒介对社会行为的影响.肖志军译.北京：清华大学出版社，2002：69，145

[3] 桑新民.透视美国教育技术学主流学派的发展轨迹——兼评瑞泽教学设计和技术的趋势与问题.现代远程教育研究，2009，(1)：8～12

[4] 黄志成.国际教育新思想新理念.上海：上海教育出版社，2009：292～310，424～434

[5] 杨振宁.杨振宁文录.海口：海南出版社，2002：195，201

[6] 寸玉鹏，Arnold V I.论数学教育.科学网电子杂志，2008-05～14

[7] 高建国.运用现代教育技术提高语文教学效率.中国教育技术装备，2009，(10)：132

[8] 朱小曼.情感教育论纲（第二版）.北京：人民出版社，2008：163

后　记

记得十年前，当我放寒假回到陕北家乡时，我的一个不识字的婶娘问我："你上大学，现在又教大学，听说教的还是好大学，有一个问题得问你。"我说，三婶您问吧！侄儿不才，但知道的都能告诉您，我以为她要问有关小孩上学的问题。没想到她满怀期望地说："那时候（即过去）没吃没喝，但大家'张张朗朗'（大意是高高兴兴）"；"尔格（即现在），人们'好吃而喝'（即吃得好喝的饱），但一个个'灰躺渕水'（大意是愁眉苦脸），你说这是怎么回事？"听到这样的问题，我顿时感到震撼而不知所措，思考半天支支吾吾不能回答，沉默许久，突然脱口而出："三婶，您是一个哲学家，您的问题需要哲学家来回答，侄儿无能，非常遗憾！……"从此这个问题一直困扰着我，不能忘记而且不断地引起我的思考：一个普通的乡下老人，为什么会提出这种哲学家才会思考的问题！在科技的进步推动社会变迁和发展，使物质文明空前繁荣的同时，人们幸福的感受为什么会越来越差？而且三婶的问题使我不断地思考作为普通百姓供养的学者的社会责任是什么？直至后来，这种思考使我完全放弃了原来报酬丰厚的工程专业，发现了势科学与信息人理论，由此走上了从信息的相互作用机制来研究复杂的社会科学问题的道路。

传统教育形成的思维定势是，一个具有创新能力的人，一定从小就是一个喜欢学习的人。的确，在应用知识为主的传统社会，要想在以后的一生中事业有成，必须从小扎扎实实学好各门功课。然而，信息化营造的强大信息势，完全改变了这种成长逻辑。拿我来说，从小就是一个逆反的、典型的不喜欢学习的小孩，20 世纪 50～70 年代，家里并不宽裕，母亲是一位在村里很受尊敬的农村妇女，父亲原来在政府部门，为了供养家里七八个孩子上学，当了煤矿工人，兄弟姐妹们都很好学（后来都考上了大学），但就我一个另类。记得母亲给我报名上学，我只念了三天书就不再去学校了，因为学校的束缚太多，不如每天和小孩"打土仗"好玩。但事与愿违，过了将近两年之后同龄小孩都去上学了，一个人在校外再找不到小孩"打土仗"，我只好又去了学校。但这时候年龄大一些，理解力也好一些，学习很轻松而且成绩不错，一年级念了几个月就越级到念三年级，而且从小学到大学都在班长和团书记的位置上轮转。

我在一种有点逆反的心态的主导下，就像目前这样，处在工程学科的岗位上，却偏偏去研究人文社会科学的理论和问题——似乎"不务正业"成为生活的常态。从小学到大学，不将工夫下在学习上，反而像俗语所说的"吹皮打鼓"成为强项。乐器和乒乓球是我一生的爱好，乒乓球曾经获得春节县域比赛亚军，花在乐器上的工夫可能与文化课学习上的差不多，有几种乐器可以在非专业的观众面前演奏一些中等难度的曲子，20世纪80年代初，独自创作的乐曲《晨读》曾在首都大学生文艺汇演中获独奏表演奖，由北京广播电台播出（在当时电视还没有普及的年代）。

《信息人社会学——势科学与第六维生存》由科学出版社出版之后，在社会上引起了较好的反响，先后应邀在清华大学、复旦大学、浙江大学等全国高校以及学术会议、政府机关、企业组织和大学生素质教育及社会公益讲坛等报告和讲座100多场，但在许多次讲座后观众会提出同样的问题：势科学理论是怎样发现的？

回想起来这与儿时的生活经历和性格特征及教育息息相关。喜好抽象思维和追寻事物之间的内在联系和普遍规律，是我一生想象和思考的主题。小学四五年级期间，正是"文化大革命"的高潮时候，学校基本停课，每天就坐在我家的杏树上拿着恩格斯的《自然辩证法》消遣，其实有许多内容看不懂，但能够看懂的极少数内容，就让我激动不已！记得当时看到恩格斯说"大自然总不会让树长得将天顶破"的话，就激起了无比的好奇心，好几年时常都在想为什么是这样？是因为天太高了？还是因为土地不肥沃？还是由于天地之间有某种契约？还是由于大自然设定了某种机制？虽然不可能得到答案，但对自然规律的崇拜和敬仰油然而生！受其影响，就养成一种习惯，常常会在一些"差别"很大的事物或问题中间寻找"联系"和"规律"。记得，儿时与我一起玩的一位同村的小姐姐常常用一种既欣赏又有点不能理解的语气说，你总是将毫不相干的事情或问题放在一起"打比方"，还要讲个究竟！

上了中学，遇到了使我一生难忘的几位好老师，我一直认为，他们的博学在现在的大学也是不多见的，上政治课的老师是一位艺术家，许多种乐器无所不能；上化学课的老师，从来不拿课本和教案，两根粉笔讲到底。这可能是由于"文化大革命"，许多知识分子被下放到农村，由此实现了历史上最为公平的教育。记得初中和高中的物理老师，他们总是将思考看得比演算更重要（这也可能是现在的中学生感觉物理比数学更难学的重要原因），讲课常常会从物理出发联系到各种学科。研究势科学理论才使我明白，好教师的标准就是：物理教师用物理的规律讲述世间万物，化学教师用化学的机制讲述世间万物，数学教师用数学的方法讲述世间万物，历史教师从历史的视角讲述世间万物，等等，由此就给予了学生最大的信息量，营造了强大的教育信息势，从而最大限度地构造了学生成长的动力学机制。

　　毋庸置疑，一个理论能够解释的事物越多，其普适性就越好，科学性就越强；如果一个道理只能解释一个事物，就叫就事论事。在中学几位恩师的影响下形成的这种追求普遍性原则的思维定势，使我看到牛顿定律和欧姆定律在形式上的相似，就不由自主地把心思不放在作业上，而思考这中间究竟有什么"猫腻"（后来终于证明了欧姆定律就是牛顿定律，参见《新经济与创新素质——势科学视角下的教育、管理和创新》，中国计量出版社，2007.5）。当大学时看到更多的力学与电学中各种规律和公式之间的相似性之后，这种心思就更加强烈，以致在考研究生的复习期间重新浏览这些公式时，就再也没有心思将注意力集中在复习上了，最后只好放弃研究生考试。

　　"文化大革命"后的第一届大学生，有许多不同之处。其一是五六届学生一起高考，升学率极低；其二是年龄差别极大，小到十五六岁，大到三四十岁，有应届毕业的高中生，有几个小孩的父亲，有工人、农民、司机，还有文工团的艺术家，等等。但有一点是共同的，就是在学习上全神贯注的刻苦精神！由此也使得以往学校的教材和各种教学条件显得更加不能胜任。例如对于物理课程，只好去图书馆另找更加有深度的书来学习，非常幸运，找到了美国学者哈里德写的大学物理学，全书既有日常生活的各种体验，又有没结论的各种探索，差别大、联系紧，极大的信息量即信息势作用使人爱不释手。记得当时看这样的书几乎与看小说的感觉差不多。而且由于伴随情感性的投入，非常易于记忆，以致整个大学的物理课程，基本上没有去过教室听课，但我的考试成绩还是使得物理老师非常满意。

　　毕业后，分配到研究院，但由于一如既往注重抽象思维的习惯，后来调进了西安交通大学。受专业的限制，除了上课还必须搞工程，好在当时我在学校开设了《新经济与创新素质》与《科学与艺术及乐器演奏》两门选修课程，由此启动了研究势科学理论的历程，与学生的互动也促进了研究的进展。现在看来，"势→对称→群"的演绎是势科学理论的基本逻辑体系和理论构架，然而当初的研究路径并非如此，它像一棵树的生长一样，先是一个幼苗"对称"，然后枝叶往上长形成了数学结构的各种"社会群"，同时根基往下扎，找到了对称形成的动力学机制"信息势"。这种情况的一个有力的证据是在前期出版的《新经济与创新素质——势科学视角下的教育、管理和创新》一书的附录中，摘录了许多学生在当时课程互动中的感受，但从中看不到有关"势"的概念。

　　考察科学的发展历程可以发现，从一个中间环节突破，然后，枝叶往上长，根往下扎，这可能是许多学科发展的共同规律。例如，对于数学来说，肯定是先有自然数，不够减，就出现了负数，除不尽，就出现了分数，需要研究极限要求数轴的连续，又定义了无理数，由此才有了实数，而由于在电学和其他研究中一类更加内在的需要，又引进了虚数，从而才达到了复数的完备性。在各种科学工具的发现和应用中，开始为了研究各种量的大小，就需要应用"标量"，后来在描述量的大小的同时还需要研究量的方向或多维的量，就发现了矢量，再后来在描述量的大小、方向的同时还需要研究量的对称性，就定义了张量。一个普适性的逻辑是，随着研究对象的复杂性增加，需要的科学工具的抽象性就提高。所以，无论哪个学科范畴或行动领域，应用抽象性来应对复杂性，既是科学研究的基本路径，也是人类行动的基本战略。

　　多年来，能够使我不顾个人得失坚持研究势科学理论的根本动力是在每次报告或讲座之后社会各界观众们的热情及学者、专家、领导及朋友们的认同、鼓励和支持！这里，可以稍举一例说明：在河北工业大学的一次学术会议上，当我的报告结束，在观众热烈的掌声中主持人已经宣布休会时，大会主席说，我还有话要说。匆忙上台宣读了我先前出版的《新经济与创新素质——势科学视角下的教育、管理和创新》一书前言和附录中几个学生的感言：

　　"这门课使我完全从沉睡中清醒过来，对于将来的发展会有怎样的作用是无法估量的。"

　　"不再与其他学科一样只是量的变化，而是质的变化。"

　　"我觉得我现在就是这个质变，说不定会改变我今后的走向。"

"这段经历将成为我生命中难以抹去的印记。"

"上了这堂课，我觉得自己脱胎换骨了，对自身、对社会乃致宇宙都有了全新的认识。"

然后就感慨道：我在没有听李德昌老师的报告之前，不敢相信这些感言是真的。

势科学与信息人理论的研究，在学术领域得到许多专家、学者、领导和朋友们的鼓励、支持和认同及社会各界人士的热烈欢迎的同时，也得到了许多建设性的建议，其中许多学者和领导希望能就势科学与信息人理论写一些更加通俗的读物，以便在社会广大的范围中普及而使更多的人特别是年轻一代和广大学生受益；另一些专家和学者则希望我一定要在学术方面取得更好的突破和完善。由此，本人两三年来一直在两种意见的张力之中努力，希望本书能够做到既通俗又具有学术性进展，以献给对于势科学理论热心的各界人士以及多年来给予势科学理论研究鼓励、支持和帮助的专家、学者、领导和朋友们！

在此，还要感谢在西京学院开设的《科学与艺术及乐器演奏》有关课程以及西京学院任万钧校长和执行校长任芳对于势科学与信息人理论研究提供的有关教育教学实践的机会以及给予的种种帮助！在西京学院申报并完成的陕西省教育厅教学改革项目——"新经济条件下高等教育质量评价理论和机制研究"等也为本研究起到了基础性铺垫作用。

2011 年 4 月 22 日